세상에서 제일 신기한 엄마표 과학 놀이

평범한 아이도 과학 영재로 만드는

세상에서 제일 신기한

엄마표

과학 놀이

심지깊은엄마 김태희 지음 I 전화영·문지윤 감수

슬로래빗
Slow Rabbit

과학은 신기하고 재미있고
멋진 것입니다

저는 과학 선생님이 아닙니다. 학교 다닐 때 과학을 좋아하지도 않았어요. 그런데도 제가 블로그에 올린 엄마표 놀이 중 절반 이상이 과학놀이이고, 이렇게 책까지 출간하게 되었으니 참 신기하지요. 저도 다른 엄마들처럼 지독한 독박육아로 힘들었지만, 그 시간을 오롯이 아이와 즐겁게 놀아보자고 결심하면서 삶이 달라지기 시작했습니다. 오감놀이, 언어놀이, 미술놀이, 수조작놀이, 일상생활놀이, 과학놀이까지 아이가 좋아할 만한 놀이를 골고루 했는데, 어느 날부터 아이가 유독 과학놀이에 큰 흥미를 보였습니다.

과학놀이의 시작은 아이의 호기심으로부터

하루는 아이가 화장실 변기를 한참 바라보고 서 있길래 왜 그러고 있느냐 물었더니, 변기 물탱크를 열어 보여 달라고 하더라고요. 변기의 물을 내리며 물탱크 속을 함께 지켜봤습니다. "물이 왜 물탱크에 있다가 변기로 내려가?", "물이 왜 다 안 내려가고 남아 있어?" 아이는 궁금한 것이 너무나 많은데, 엄마인 저는 어떻게 설명해야 할지 몰라 참 난감했습니다. 아이의 궁금증을 풀어 주고 싶은 마음에 과학책과 인터넷을 열심히 찾아보고 관련된 과학놀이를 했지요. 아이의 호기심을 그냥 지나치지 않는 것, 그것으로부터 과학놀이가 시작되었습니다.

과학은 신기하고 재미있고 멋진 것

사람들은 대개 과학은 어렵고 지루하고 따분하다고 생각합니다. 저 역시 학창시절에는 그랬는데, 아이와 과학놀이를 하다 보니 아니더라고요! 베이킹 소다와 식초만 있으면 부글거리는 화산을 만들 수 있고, 만화경 속에는 신기하고 아름다운 세상이 펼쳐졌습니다. 매일 주방에서 보는 음식재료들도 훌륭한 과학 실험 재료들이었고, 쓰레기로 버려지던 폐품까지 더하니 어느새 우리 집이 과학 실험실로 변신했습니다. 과학은 너무나 신기하고 재미있고 멋진 것이었습니다. 단지 우리가 과학을 너무 어렵게 배우고 있었던 것이죠.

과학 공부가 아닌 놀이로

이렇게 재미있는 과학놀이를 혼자만 알기 아까워 블로그에 올리기 시작했어요. 기대 이상의 호응을 얻을 수 있었고, 재미있게 따라 했다는 이웃도 많았습니다. 그런데 아이에게 과학 원리를 어떻게 설명해야 할지 모르겠다며 어려움을 호소하는 경우도 종종 있었어요. 과학적 지식을 가르치려 애쓰다 보면, 오히려 아이 스스로 생각할 기회를 빼앗아갈 수 있습니다. 지금은 공부가 아닌 놀이에 집중해 주세요. 당장은 원리를 이해하지 못해도 학교에서 과학 수업이 시작되면 더 쉽게 이해할 수 있습니다. 오감을 써서 온몸으로 경험한 것은 어떤 것보다 학습 효과가 크니까요.

과학놀이를 더 재밌게 하려면

과학놀이를 더 재밌게 하는 몇 가지 팁이 있습니다.

첫째, 자유롭게 탐구하고 실험할 수 있도록 재료를 충분하게 준비합니다. 뒷정리 걱정 없이 놀이에 집중할 수 있게 큰 매트나 넓은 쟁반을 준비하고, 아예 야외로 나가서 실험할 수도 있지요. 소꿉놀이나 모래놀이처럼 과학놀이를 즐기며 자란 아이는 어느 순간 과학을 사랑하는 창의적인 인재로 성장해 있을 것입니다.

둘째, 실험 재료를 관찰하는 것으로 아이의 호기심을 자극합니다. 어떤 재료가 있는지, 어디에서 본 적이 있는지, 어떻게 사용되는 재료인지, 이 재료들로 무엇을 할 수 있을지 등 대화를 나누다 보면, 어느새 아이가 과학놀이에 호기심을 보이며 집중하고 있답니다.

셋째, 실험 결과를 예측합니다. 불에 타지 않는 풍선 실험(83p)에서 풍선을 촛불에 갖다 대기 전에 터질까 터지지 않을까를 먼저 예측해 보는 식이지요. 자연스럽게 원리를 터득하게 되는 방법이기도 합니다.

넷째, 다른 방법을 모색해 봅니다. 방울토마토는 물에 가라앉는데 딸기를 넣으면 어떻게 될까? 소금을 더 많이 녹이면 어떻게 될까? 등등 실험 재료와 방법에 변화를 주면서 실험이 확장되는 것이지요.

마지막으로 가장 중요한 것은 결과보다 과정을 즐기는 것입니다. 같은 실험이라도 다른 결과가 나올 수 있고, 실패하는 경우도 있습니다. 그럴 때 실망하고 포기하기보다는 왜 이런 결과가 나왔을지 아이와 이야기 나누며 방법을 찾아보세요. 이때, 아이 스스로 생각하고 풀어갈 수 있도록 힌트를 주는 것이면 충분합니다. 성공 그 자체보다 성공을 향한 과정을 즐기는 것이 과학놀이를 잘하는 비법입니다. 과학자들은 단 한 번의 성공을 위해 999번 실패했다는 것을 기억하세요!

오늘 당장! 집에 있는 재료로! 과학놀이를 시작해 주세요!

과학이 어려워 보여서, 한 번도 해 본 적이 없어서, 재료 준비가 어려워서 과학놀이를 시작할 엄두가 나지 않는다고 말합니다. 걱정은 버리고, 오늘 당장 집에 있는 재료로 간단한 놀이부터 시작해 보세요. 막상 하면 어려울 것이 없고, 어른들도 놀랄 만큼 집중력을 보이며 재미있어합니다. 특히 책에 소개된 놀이는 4~5세 아이도 쉽게 따라 할 수 있는 안전한 놀이부터 초등학생도 관심을 가질 만한 난이도까지 골고루 들어 있습니다.

많은 아이들이 과학의 신기하고 재미있는 세계를 경험하고, 일상생활 속에서도 과학을 발견하고 탐구할 줄 아는 사람으로 성장하기를 바랍니다. 아이와 놀아 주기가 어렵고, 특히 과학놀이는 엄두도 못 내는 부모들이 아이들과 과학놀이로 즐거운 시간을 보낼 수 있기를 바랍니다.

심지깊은엄마 김태희

집에서 해 보는
과학 실험책이 나왔다

반년 전인가, 외국 사는 제자로부터 SNS를 통해 메시지가 왔습니다. 제가 SNS에 올렸던 왕달걀 만들기 사진을 보았던 모양입니다.

> 슨상님~ 왕달걀 만들기, 그냥 식초에 넣어두면 되는 건가요? 아들한테 보여주려고요.

> 하루 이틀 정도 담가두면 돼. 하루 지나면 찌꺼기 같은 거 좀 걷고, 식초를 갈아주면 좋지. 손으로 살살 문지르면 껍질이 떨어져 나갈 거야. 그 상태에서 꺼내서 맹물에 담가두면 점점 커질 거고. 식초에 계속 담가둬도 되는데, 냄새가 좀 심하니까.

> 감사합니다! 이런 거로 책 내도 좋을 거 같은데요? 집에서 간단한 실험하는 거.

언젠가 이런 책을 써봐야겠다, 하며 마음 한편에 넣어두었는데, 반년 후에 이 책 원고를 보게 되었습니다. 제가 생각했던 딱 그 책이더군요. 집에서 아이들에게 무언가 의미 있는 활동을 해 주고 싶은 부모들에게 도움이 될 책. 그래서 책을 써 봐야겠다는 생각을 접었습니다.

어릴 적에 아인슈타인이 받았던 나침반, 엘튼 존이 받았던 피아노가 그들의 삶의 방향을 결정했다고 하지요. 어떤 아이에게는 이 책이 그런 역할을 할 수 있으리라 기대해도 되지 않을까 싶습니다. 하지만 꼭 그런 거창한 목표가 아니어도 상관없습니다. 아이와 함께 과학 실험을 놀이처럼 하다 보면 행복으로 한 걸음 더 나아갈 수 있을 테니까요.

실험을 선정하고, 아이들과 직접 실험하면서 사진 찍고 원고를 쓰느라 수고했을 저자와 이 책을 보고 따라 해 보실 독자들에게 고마움을 전합니다.

대표 감수자 전화영(고등학교 화학 수석 교사)

아이와 '진짜 놀이'를 해 주세요!

놀이의 중요성과 가치가 주목받고 있는 요즘, 학습과 연계된 놀이책을 흔히 볼 수 있게 되었습니다. 어떻게 놀아 주어야 할지 몰라 힘들던 예전과 달리, 넘쳐나는 놀이 중에서 내 아이에게 필요한 놀이를 선택만 하면 되는 셈이지요. 하지만 여전히 많은 부모가 '방법을 몰라서, 너무 바빠서' 아이와 놀 엄두를 내지 못하는 것이 현실입니다. 그중에서도 과학놀이는 더욱 어렵게 느껴지지요.

이 책에는 부모들에게 필요한 과학 개념과 원리가 알기 쉽게 설명되어 있고, 아이들이 과학 원리를 시각적으로 체득할 수 있는 실험들이 가득 소개되어 있습니다. 대부분의 실험은 우리 주변에서 구하기 쉬운 재료들이 사용되어 더욱 유용합니다. 다양한 영역을 망라하여 소개한 만큼 몇몇 실험은 준비가 수고롭지만, 과학 탐구의 즐거움을 직접 경험하게 되는 것에 비할 바는 아닙니다. 특히, 4차 산업혁명 시대를 살아갈 우리 아이들은 과학적, 창의적 사고를 바탕으로 다양한 분야의 지식들을 융합하는 능력이 필요하니까요.

아이들은 부모와 함께 놀이한다는 것, 그 자체만으로도 충분히 즐겁습니다. 부모들이 자칫 의욕에 넘쳐 과학 원리까지 깊게 가르치려다 보면, 아이들은 공부로 받아들이면서 재미가 반감될 수 있어요. 자연스럽게 놀이로 접하고, 성공과 실패의 경험 속에서 궁금증을 갖도록 해 주세요. 아이들이 먼저 물음을 가질 때를 놓치지 않고 이끌어 준다면 융합적 사고력뿐만 아니라 자기주도적 학습 능력까지도 키워 줄 수 있을 것입니다.

의무감으로 해야 하는 '가짜 놀이'가 아니라 아이가 정말로 하고 싶은 '진짜 놀이'를 이제 시작해 보세요!

문지윤(서울흑석초등학교 교사)

과학놀이 안전 규칙을
꼭 지켜 주세요.

　다음은 많이 사용하는 재료와 실험 방법에 따른 안전 규칙을 정리한 것입니다. 이 밖에도 필요한 주의사항은 준비물 단계와 실험 과정 곳곳에서 설명하고 있으니 미리 숙지하여 안전한 실험이 되도록 합니다.

1. 실험 전에 아이들에게 주의사항을 설명해 주고 안전한 실험이 될 수 있도록 지도합니다.

2. 물을 사용하거나 뒷정리할 것이 많은 과학놀이는 욕실이나 베란다에서 하면 더욱 안전하고 편리하게 할 수 있어요.

3. 설탕이나 식초처럼 맛을 보아도 괜찮은 재료들도 있지만, 그렇지 않은 경우도 있습니다. 맛을 볼 때는 반드시 어른의 허락을 받도록 사전에 아이들에게 알려주세요.

4. 실험에 사용되는 그릇이나 도구는 잘 깨지지 않는 것(예: 플라스틱)으로 준비하고, 실험을 마친 후에는 곰팡이가 피지 않도록 깨끗하게 씻어서 물기 없이 보관합니다.

5. 불과 뜨거운 물을 사용하는 실험은 어른이 항상 함께 있어야 합니다. 아주 잠깐이라도 자리를 비우지 않도록 해요!

6. 식초가 눈에 튀면 따가울 수 있으니 보호안경을 쓰면 좋습니다.

7. 실험 중에는 입과 눈에 손을 대지 않도록 하고, 실험 후에는 항상 비누로 손을 깨끗이 씻을 수 있도록 합니다.

8. 풍선의 성분 중에 침과 닿으면 발암물질이 만들어지는 성분이 있을 수 있으니 풍선은 입으로 불지 말고 반드시 풍선 펌프를 이용해 주세요.

9. 페트병을 잘라서 사용할 때는 절단면에 다치지 않도록 테이프를 붙여서 사용하면 안전합니다.

10. 과학놀이를 마친 후 뒷정리는 아이와 함께합니다.

🔍 이 책의 활용법

도입글

실험에 앞서 관련된 개념이나 과학사, 일상생활에서 찾아볼 수 있는 실험 원리를 이야기하며 호기심을 가질 수 있도록 합니다.

실험 개요

부모의 도움을 받으며 실험에 참여할 수 있는 나이와 소요 시간을 보며 놀이를 고를 수 있습니다. 아울러 놀이가 학습으로 자연스럽게 확장될 수 있도록 초등 연계 단원과 실험 목표를 살펴봅니다.

준비물

실험에 필요한 준비물을 빠짐없이 준비할 수 있게 체크박스와 함께 보여줍니다. 대체할 수 있는 재료와 준비 Tip까지 함께 수록했어요.

실험 원리

실험 전에 부모들이 먼저 알아 두면 좋을 개념과 원리를 설명합니다. 아이들에게 그대로 설명하기보다는 과학을 재밌고 친숙하게 느끼게 하는 것을 중점으로 합니다.

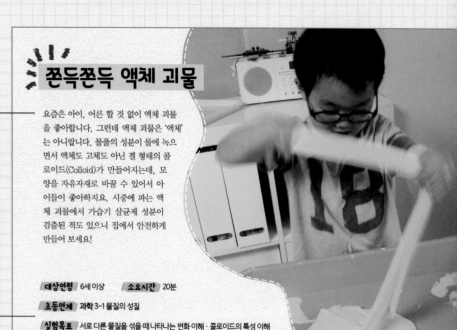

쫀득쫀득 액체 괴물

요즘은 아이, 어른 할 것 없이 액체 괴물을 좋아합니다. 그런데 액체 괴물은 '액체'는 아니랍니다. 물풀의 성분이 물에 녹으면서 액체도 고체도 아닌 젤 형태의 콜로이드(Colloid)가 만들어지는데, 모양을 자유자재로 바꿀 수 있어서 아이들이 좋아하지요. 시중에 파는 액체 괴물에서 가습기 살균제 성분이 검출된 적도 있으니 집에서 안전하게 만들어 보세요!

대상연령 6세 이상   **소요시간** 20분

초등연계 과학 3-1 물질의 성질

실험목표 서로 다른 물질을 섞을 때 나타나는 변화 이해 · 콜로이드의 특성 이해

📋 준비물을 확인해요~

공통재료
- ☐ 아이클레이 50g   ☐ 베이킹 소다
- ☐ PVA 물풀 1통(50mL 들이)
  - 물풀은 PVA 성분이 든 것이어야 해요.
- ☐ 따뜻한 물
  - 너무 뜨거운 물은 화상 위험이 있어요.
- ☐ 빨대   ☐ 그릇   ☐ 숟가락

연관놀이
- ☐ 철가루   ☐ 자석

18

🧪 실험 전에 알아 두세요!

물풀과 클레이에는 폴리비닐 알코올(PVA)이라는 성분이 들어 있어요. PVA가 물에 녹으면 흐물흐물 흘러내리는데, 베이킹 소다와 결합하면서 고무처럼 탄력이 좋은 물질로 변하게 됩니다. 재료들을 추가함에 따라 물질이 변화하는 모습을 관찰해 보세요.

실험 TIP 붕사보다 안전한 베이킹 소다도 장시간 가지고 놀 경우에는 피부가 거칠어지니 주의하세요. 액체 괴물을 만진 손으로 눈이나 입을 만지지 않도록 하고, 놀이 후에는 반드시 비누로 깨끗이 손을 씻어야 합니다. 액체 괴물을 버릴 때는 21p의 슬라임류 폐기 방법을 따라 주세요.

 물풀에 베이킹 소다를 넣으면 괴물이 아니라 젤이 만들어져!

엄마의 한 마디

실험에 흥미를 유도하거나 실험 원리를 쉽게 설명하고자 할 때, 참고할 질문과 설명을 대화체로 담았습니다. 실험 원리와 함께 먼저 읽어 두면, 실험하는 동안 아이와 자연스럽게 대화할 수 있고 아이의 과학적 사고를 증진시키는 데도 도움이 됩니다.

황금 비율은 클레이 50g, 물 일반 종이컵으로 1.5컵, 물풀 50mL

처음에 흐물거린다고 조금씩 더 넣다 보면 나중에는 뚝뚝 끊어지니, 소량만 넣어야 한다.

1 그릇에 클레이와 따뜻한 물을 넣고 잘 녹여 준다. 클레이를 녹인 물이 그냥 물과 어떤 차이가 있는지 관찰한다.

2 물풀을 넣어 섞으면, 1보다 더 흐물흐물한 상태가 된다.

3 베이킹 소다를 1꼬집 넣고 휘뜨려서 섞다가 또 1꼬집 추가한다. 이때 물약병에 넣어 살살 뿌려 주면 편하다.

4 손에서 깨끗하게 떨어질 때까지 충분히 반죽해야 쫀득쫀득하게 완성된다.

5 쭉쭉~ 자유자재로 늘려 본다.

6 빨대를 꽂아서 바람을 불어넣어서 풍선을 만들어 본다.

 액체 괴물을 다시 사용하려면 곰팡이가 생기지 않도록 지퍼백이나 밀폐용기에 밀봉하여 냉장고에 보관하면 된다. 보관한 액체 괴물이 굳었다면 뜨거운 물을 넣고 주무르면 다시 부드러워진다.

연관 놀이 | 움직이는 액체 괴물

1 철가루와 자석을 준비하고, 철가루가 자석을 따라 움직이는 모습을 탐색한다.

2 앞에서 만든 액체 괴물에 철가루를 넣어서 반죽한다.

3 철가루를 넣은 액체 괴물이 자석 쪽으로 움직이며 모양이 변하는 모습을 관찰한다.

19

실험 과정

실험 전 과정을 사진으로 수록하고, 상세한 방법을 설명합니다. 주어진 방법대로 실험하지 않을 경우, 예상한 결과를 볼 수 없는 경우도 있으니 미리 숙지하고 진행해야 합니다. 단, 실패하더라도 그 자체로 좋은 경험이 되니 실패에 연연할 필요는 없어요!

실험 영상

QR코드를 찍으면 실험 결과를 동영상으로 확인할 수 있습니다. 스마트폰에 QR코드를 인식하는 애플리케이션을 깔아 주세요!

실험 TIP

실험 준비 단계나 마무리 단계, 개별 진행 단계에서 참고할 만한 실험 Tip을 수록했어요.

연관 놀이

본 놀이와 같은 원리인 실험이나 본 놀이에서 나온 결과물을 이용하는 실험으로 활동을 더욱 풍부하게 합니다.

차례

서문 _ 과학은 신기하고 재미있고 멋진 것입니다 • 4

감수의 글 _ 집에서 해 보는 과학 실험책이 나왔다 • 7

　　　　　아이와 '진짜 놀이'를 해 주세요! • 8

주의 _ 과학놀이 안전 규칙을 꼭 지켜 주세요 • 9

이 책의 활용법 • 10

1장
신기한 가루 나라

쫀득쫀득 액체 괴물 • 18　|　소리까지 재미있는 크런치 슬라임 • 20　|　못생겨도 잘만 튀는 탱탱볼 • 22　|　풍선이 저절로 불어진다고? • 24　|　알록달록 무지개 물탑 • 26　|　부글부글~ 화산이 분출한다! • 28　|　냉장고 없이 만드는 슬러시 • 30　|　방울토마토 도레미 • 32　|　달콤한 크리스탈 사탕 • 34　|　기묘한 녹말 반죽 • 36　|　사라진 물 • 38

2장
페트병으로 만난 과학

중력을 거스르는 마술 물병 • 42　|　세상에서 제일 작은 탈수기 • 44　|　빛은 물줄기 따라 직진 또 직진 • 46　|　물의 힘으로 돌아가는 물레방아 • 48　|　오줌싸개 인형 • 50　|　구름이 뭉게뭉게 • 52　|　페트병 속의 토네이도 • 54　|　심장은 생명의 펌프 • 56　|　깨끗한 물로 변신! 돌멩이 정수기 • 58　|　3! 2! 1! 에어 로켓 발사! • 60

3장
맛있는 실험실

바위를 깨트리는 콩 • 66　|　보글보글 라바 램프 • 68　|　우유로 만든 친환경 장난감 • 70　|　컵에 빠진 달걀 • 72　|　탱글탱글 달걀 탱탱볼 • 74　|　오르락내리락 춤추는 건포도 • 76　|　붉은 양배추는 천연 리트머스지! • 78　|　콜라 분수쇼 • 80　|　병 속에 달걀을 넣고 빼고 • 82　|　오렌지야? 젤리야? • 84

4장
화합물은 실험 대장

나도 버블버블쇼~ • 88　|　드라이아이스로 신나게 놀자! • 92　|　저절로 가는 배 • 96　|　요소 크리스탈 트리 • 98　|　내 맘대로 꽃 색깔 바꾸기 • 100　|　블링블링 붕사 크리스탈 장식품 • 102　|　명반으로 만든 달걀 지오드 • 104　|　비타민C 대장을 찾아라! • 106　|　나타났다 사라졌다, 밀가루 편지 • 108

5장
풍선과 종이의 변신은 무죄

나비가 균형을 잡는 이유 · 112 | 가장 힘이 센 모양을 찾아라! · 114 | 종이 다리라고 무시하지 마세요! · 116 | 저절로 피는 종이꽃 · 118 | 뱅글뱅글 도는 종이뱀 · 120 | 풍선을 돛으로 달고 출발~ · 122 | 들숨 날숨 폐 모형 만들기 · 124 | 종이 로켓을 쏘는 방법 · 126 | 영차, 여엉차~ 공기 줄다리기 · 128 | 팡팡! 공기총을 쏴라! · 130

6장
생활용품아, 실험을 부탁해

만화경 속의 아름다운 세상 · 134 | 세 가지 빛이 모이면? · 136 | 그림자 인형극 · 138 | 3D 홀로그램 프로젝터 · 140 | 물방울 돋보기 · 141 | 필름통이 날아올라~ · 142 | 양초에 유리병을 덮으면? · 144 | 물을 부어도 꺼지지 않는 양초 · 145 | 있을 건 다 있는 페트병 손전등 · 146 | 찌릿찌릿~ 정전기로도 움직여요 · 148 | 신맛이 전기를 만든다고? · 150

7장
문방구에서 찾았다

호모 폴라 발레리나 • 154 | 빙글빙글 자석 오뚝이 • 156 | 내가 만든 공룡 화석 • 158 | 고무줄 거문고 연주 • 160 | 고무줄로 움직이는 통통배 • 162 | 고무줄로 탑 쌓기 • 164 | 사인펜 색깔의 비밀 • 166 | 물 만난 보드마카 그림 • 168 | 흔들흔들 지진계 • 170 | 햇빛을 모으면 무슨 일이? • 172 | 전기가 흐르는 그림 • 174 | 구멍을 뚫어도 물이 새지 않아요 • 175

8장
주방은 또 다른 실험실

물을 부으면 방향이 바뀌는 화살표 • 178 | 실에서 무슨 소리가 날까요? • 180 | 오르락내리락 빨대 잠수부 • 182 | 키친타올 징검다리 • 184 | 젓가락으로 쌀병을 번쩍~ • 186 | 깡통으로 만든 피사의 사탑 • 187 | 도깨비 방망이가 뚝딱! 혹부리 영감으로 변신! • 188 | 종이컵 풍속계와 빨대 풍향계 • 190 | 따뜻한 물과 차가운 물 • 192 | 아래 컵으로 이사를 가요 • 194 | 아슬아슬 줄을 타고 움직이는 물 • 196 | 물에 넣어도 젖지 않는 종이 • 197

부록 _ 초등 단원별 실험 목록 • 198
주재료별 실험 목록 • 203

1장

신기한
가루 나라

쫀득쫀득 액체 괴물

요즘은 아이, 어른 할 것 없이 액체 괴물을 좋아합니다. 그런데 액체 괴물은 '액체'는 아니랍니다. 물풀의 성분이 물에 녹으면서 액체도 고체도 아닌 겔 형태의 콜로이드(Colloid)가 만들어지는데, 모양을 자유자재로 바꿀 수 있어서 아이들이 좋아하지요. 시중에 파는 액체 괴물에서 가습기 살균제 성분이 검출된 적도 있으니 집에서 안전하게 만들어 보세요!

대상연령 6세 이상   **소요시간** 20분

초등연계 과학 3-1 물질의 성질

실험목표 서로 다른 물질을 섞을 때 나타나는 변화 이해 · 콜로이드의 특성 이해

 ### 준비물을 확인해요~

공통재료
- ☐ 아이클레이 50g   ☐ 베이킹 소다
- ☐ PVA 물풀 1통(50mL 들이)
  * 물풀은 PVA 성분이 든 것이어야 해요.
- ☐ 따뜻한 물
  * 너무 뜨거운 물은 화상 위험이 있어요.
- ☐ 빨대   ☐ 그릇   ☐ 숟가락

연관놀이
- ☐ 철가루   ☐ 자석

 ### 실험 전에 알아 두세요!

물풀과 클레이에는 폴리비닐 알코올(PVA)이라는 성분이 들어 있어요. PVA가 물에 녹으면 흐물흐물 흘러내리는데, 베이킹 소다와 결합하면서 고무처럼 탄력이 좋은 물질로 변하게 됩니다. 재료들을 추가함에 따라 물질이 변화하는 모습을 관찰해 보세요.

실험 TIP 봉사보다 안전한 베이킹 소다도 장시간 가지고 놀 경우에는 피부가 거칠어지니 주의하세요. 액체 괴물을 만진 손으로 눈이나 입을 만지지 않도록 하고, 놀이 후에는 반드시 비누로 깨끗이 손을 씻어야 합니다. 액체 괴물을 버릴 때는 21p의 슬라임류 폐기 방법을 따라 주세요.

물풀에 베이킹 소다를 넣으면 괴물이 아니라 겔이 만들어져!

황금 비율은 클레이 50g, 물은 일반 종이컵(180mL 규격)으로 1.5컵, 물풀 50mL

1 그릇에 클레이와 따뜻한 물을 넣고 잘 녹여 준다. 클레이를 녹인 물이 그냥 물과 어떤 차이가 있는지 관찰한다.

2 물풀을 넣어 섞으면, 1보다 더 흐물흐물한 상태가 된다.

베이킹 소다를 물약병에 넣고 약간의 물에 섞어서 뿌려 주는 방법도 있다.

처음에 흐물거린다고 조금씩 더 넣다 보면 나중에는 뚝뚝 끊어지니, 소량만 넣어야 한다.

3 베이킹 소다를 한꺼번에 넣으면 뭉칠 수 있으니 베이킹 소다를 1꼬집 흩트려서 넣고 섞다가 1꼬집 추가한다.

4 손에서 깨끗하게 떨어질 때까지 충분히 반죽해야 쫀득쫀득하게 완성된다.

5 쭉쭉~ 자유자재로 늘려 본다.

6 빨대를 꽂고 바람을 불어넣어서 풍선을 만들어 본다.

액체 괴물을 다시 사용하려면 곰팡이가 생기지 않도록 지퍼백이나 밀폐용기에 밀봉하여 냉장고에 보관하면 된다. 보관한 액체 괴물이 굳었다면 뜨거운 물을 넣고 주무르면 다시 부드러워진다.

연관 놀이 움직이는 액체 괴물

1 철가루와 자석을 준비하고, 철가루가 자석을 따라 움직이는 모습을 탐색한다.

2 앞에서 만든 액체 괴물에 철가루를 넣어서 반죽한다.

3 철가루를 넣은 액체 괴물이 자석 쪽으로 움직이며 모양이 변하는 모습을 관찰한다.

소리까지 재미있는 크런치 슬라임

슬라임은 액체 괴물(18p)처럼 여러 가지 물질을 혼합하여 만든 콜로이드입니다. 언뜻 보면 액체 괴물과 차이가 없는 듯한데, 클레이 대신 붕사 성분을 함유한 렌즈 세척액을 넣기 때문에 액체 괴물보다 점성이 있답니다. 슬라임에 다양한 장식 재료(흔히 파츠라 불림)를 넣으면 촉감과 소리까지 다양해져서 아이들 오감 발달에도 좋습니다.

대상연령 6세 이상 　**소요시간** 30분

초등연계 과학 3-1 물질의 성질

실험목표 서로 다른 물질을 섞을 때 나타나는 변화 이해 · 콜로이드의 특성 이해

준비물을 확인해요~

☐ PVA 물풀
  * 물풀은 PVA 성분이 든 것이어야 해요.
☐ 렌즈 세척액
  * 렌즈 세척액은 붕사 성분을 함유한 '리뉴'로 준비해요!
☐ 베이킹 소다　　☐ 뜨거운 물
☐ 식용색소 또는 물감
☐ 장식 재료(비즈, 색모래, 플라스틱 알갱이 등)
☐ 숟가락, 나무젓가락, 그릇

실험 전에 알아 두세요!

물풀에는 폴리비닐 알코올(PVA)이라는 성분이 들어 있어요. PVA가 물에 녹으면 흐물흐물 흘러내리는데, 베이킹 소다나 붕사를 넣으면 고무처럼 탄력이 좋은 물질로 변하게 됩니다.

실험 TIP 붕사에 장시간 노출되면 화상 위험이 있어요. 렌즈 세척액에도 붕사가 소량 함유되었으니, 피부가 예민한 경우 핸드크림을 바르거나 비닐장갑을 끼도록 합니다. 긴 머리는 묶고, 머리카락에 묻으면 따뜻한 물과 린스로 비벼서 제거합니다. 슬라임을 만진 손으로 눈이나 입을 만지지 않도록 하고, 놀이 후 비누로 깨끗이 손을 씻어야 합니다.

액체 괴물보다 쫀득한 슬라임의 비밀은 바로 렌즈 세척액이야.

숟가락 1개가 1T

1 PVA 물풀을 5T 넣는다.

2 뜨거운 물을 5T 넣고 물풀이 녹도록 젓는다.

모차렐라 치즈처럼 늘어나게 하려면 소량만 넣어야 한다.

3 베이킹 소다를 2꼬집 넣고 섞는다. 한꺼번에 넣기보다는, 1꼬집을 흩트려서 넣고 섞다가 1꼬집 추가하는 게 좋다.

슬라임이 잘 만들어지지 않는다고 베이킹 소다나 렌즈 세척액을 더 넣으면 슬라임이 뚝뚝 끊어진다.

4 렌즈 세척액을 2T 넣고 잘 젓는다. 뭉치는 느낌이 들면 2T 더 넣고 충분히 저어 준다.

완전히 투명한 슬라임을 원할 경우, 색소를 넣지 않은 상태로 하루 정도 밀폐용기에 담아 보관하면 기포가 빠지며 투명해진다.

5 손에 붙지 않을 정도가 되면 슬라임 완성!

6 슬라임에 식용색소를 3방울 추가하여 색을 입힌다.

잘 만들어진 슬라임은 끊어지지 않고 길게 늘어난다.

7 슬라임을 손으로 늘리고 색을 섞으며 특성을 탐색한다.

8 플라스틱 알갱이, 비즈, 진주 등 재료를 넣어서 크런치 슬라임을 만든다.

슬라임류 폐기 방법 슬라임을 가지고 논 후에는 넓게 늘려서 말린 다음, 가위로 잘게 잘라 쓰레기 봉지에 버려야 한다. 세면대나 변기에 그냥 버리면 하수관이 막히고, 유해물질이 녹아서 환경이 오염될 수 있다. 액체 괴물(18p)과 탱탱볼(22p)도 마찬가지로 바싹 말려서 버리도록 한다.

못생겨도 잘만 튀는 탱탱볼

바닥을 향해 던지면 통통 튀어 오르는 탱탱볼은 예나 지금이나 아이들에게 인기입니다. 누가 더 높이 올라가는지 내기도 하고, 바닥에 튕겼다가 받으며 놀다 보면 시간이 훌쩍 가는 보약 같은 장난감이지요. 문방구에 가면 색색의 탱탱볼을 쉽게 구할 수 있고, 요즘엔 불빛이 나는 것까지 나와서 재미를 더하지만, 직접 만든 탱탱볼보다 더 재미있는 것이 있을까요?

대상연령 6세 이상　　**소요시간** 20분

초등연계 과학 3-1 물질의 성질

실험목표 서로 다른 물질을 섞을 때 나타나는 변화 이해 · 콜로이드의 특성 이해

 준비물을 확인해요~

□ PVA 물풀
□ 붕사
□ 식용색소 또는 물감
□ 미지근한 물
□ 종이컵 2개
□ 나무젓가락
□ 숟가락
□ 위생장갑

 실험 전에 알아 두세요!

탄성은 고무줄이나 용수철처럼 힘을 가했다 놓으면 원상태로 되돌아가려는 성질을 말합니다. 물풀의 PVA 성분이 붕사를 만나면 촘촘하게 엉겨 붙어 고무처럼 탄성이 좋은 물질로 변하는데, 그 과정에서 탱탱볼로도 만들 수 있습니다.

실험 TIP　붕사를 정해진 양을 넣고 충분히 반죽해야 잘 튀는 탱탱볼이 만들어집니다. 붕사를 적게 넣으면 슬라임처럼 흘러내리고, 반죽이 덜 되면 탄성이 없답니다. 탱탱볼을 만진 손으로 입과 눈을 만지지 않도록 하고, 놀이가 끝난 후에는 잘 씻어 주세요. 탱탱볼을 버릴 때는 21p의 슬라임류 폐기 방법을 따라 주세요.

액체 괴물, 슬라임에 이어 물풀의 세 번째 변신은 탱탱볼이다!

1 종이컵에 미지근한 물을 1/4 정도 넣고 봉사를 1T 넣고 잘 저어 준다.

2 봉사를 섞은 물에 식용색소를 조금 섞는다.

3 빈 종이컵에 물풀 50mL를 넣는다.

4 물풀을 담은 종이컵에 2의 액체를 조금씩 넣으며 나무젓가락으로 젓는다.

5 계속 저으면 젤리 같은 덩어리가 만들어진다.

> 처음에는 손에 엉겨 붙어서 불편하지만, 계속 빚다 보면 끈적임 없는 탱탱볼이 만들어진다.

6 위생장갑을 끼고 경단을 빚듯 굴리며 공 모양으로 만든다. 이때 충분히 주물러야 부서지지 않는다.

7 물기를 말린 다음, 먼지나 모래가 없는 깨끗한 바닥에서 튕기고 잡으며 논다.

물풀 50mL로 작은 탱탱볼 2개 또는 큰 탱탱볼 1개를 만들 수 있으나, 크게 만들면 굳는 데 시간이 많이 걸린다.

풍선이 저절로 불어진다고?

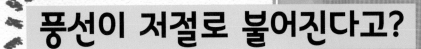

아이들이 맨 처음 하게 되는 화학 실험은 베이킹 소다와 식초로 하는 실험입니다. 어느 집에나 있는 흔한 재료이고, 인체에도 해가 없으니까요. 무엇보다도 둘을 혼합하면서 보글보글 발생하는 거품에 아이들은 마냥 신기해합니다. 이 거품의 정체는 바로 이산화 탄소! 이번 실험에서는 이산화 탄소로 풍선을 부풀려 보도록 해요.

대상연령 6세 이상 　　**소요시간** 15분

초등연계 과학 3-2 물질의 상태 · 5-2 산과 염기

실험목표 기체의 상태 이해 · 산과 염기의 반응 이해

 준비물을 확인해요~

공통재료
☐ 베이킹 소다　　☐ 식초
☐ 500mL 페트병　☐ 풍선
☐ 깔때기　　　　☐ 숟가락

연관놀이
☐ 풍선 펌프
☐ 옷걸이
☐ 실

 실험 전에 알아 두세요!

산성인 식초와 염기성인 베이킹 소다가 결합하면 화학 반응이 일어나는데, 이때 발생하는 이산화 탄소가 풍선을 부풀게 합니다. 그럼, 베이킹 소다를 넣자마자 풍선이 부풀지 않는 이유는 무엇일까요? 풍선이 안 늘어나려는 성질이 있기 때문에 병 안의 압력이 충분히 커져야 풍선이 부풀기 시작하는 것입니다.

연관놀이 산소 · 질소 · 이산화 탄소의 무게는 이산화 탄소 > 산소 > 질소 순으로 무겁습니다. 질소와 산소로 대부분 구성된 공기보다 이산화 탄소가 1.5배 무겁기 때문에, 같은 크기의 풍선이라면 이산화 탄소 풍선이 더 무겁습니다.

 풍선을 입으로만 불라는 법 있어? 오늘은 베이킹 소다와 식초로 분다!

풍선이 잘 부풀어 오르게 미리 고무를 늘려 두도록 한다.

1 풍선을 여러 번 불어서 부드럽게 만든다.

2 페트병에 식초를 100mL 정도 넣는다. 물감이나 식용색소를 넣어도 된다.

3 풍선 입구에 깔때기를 끼워서 베이킹 소다를 2T 넣는다.

4 베이킹 소다를 넣은 풍선을 페트병 입구에 끼운다.

5 풍선을 페트병 위로 올려서 베이킹 소다가 페트병 안으로 들어가게 한다.

6 풍선이 서서히 부풀어 오르는 모습을 관찰한다.

연관 놀이 이산화 탄소는 무거워

과학 6-1 여러 가지 기체 · 기체의 무게 비교

입으로 불면 이산화 탄소가 들어가므로 풍선 펌프를 이용하는 게 좋다.

1 앞에서처럼 이산화 탄소 풍선을 만든다.

2 이산화 탄소 풍선과 같은 크기로 공기 풍선을 만든다.

중심으로부터의 간격을 똑같이 맞춰야 한다.

3 옷걸이 양쪽에 풍선을 걸어 준다.

4 이산화 탄소 풍선 쪽으로 기우는 것을 확인할 수 있다.

알록달록 무지개 물탑

얼음은 왜 물에 동동 뜰까요? 얼음은 물보다 밀도가 작기 때문입니다. 같은 설탕물이라도 설탕을 얼마나 섞느냐에 따라 밀도가 달라지는데, 설탕물에 색을 섞어서 직접 확인해 보도록 할게요. 밀도 실험이 처음이거나 어린아이들은 어려울 수 있으니, 연관 놀이를 먼저 해도 좋아요. 집에 흔히 있는 물엿, 물, 식용유, 소독용 알코올만으로도 가능하답니다.

대상연령 5세 이상　**소요시간** 20분

초등연계 과학 5-1 용해와 용액

실험목표 용액의 진하기에 따른 밀도의 차이 이해

📋 준비물을 확인해요~

공통재료
- ☐ 식용색소 또는 물감
- ☐ 시험관 또는 긴 투명 물통
- ☐ 투명한 컵 6개
- ☐ 스포이트 또는 주사기

본놀이
- ☐ 뜨거운 물
- ☐ 백설탕
- ☐ 계량스푼 또는 숟가락, 젓가락

연관놀이
- ☐ 밀도가 다른 용액(물엿 또는 글리세린, 포도 주스, 주방세제, 물, 식용유, 알코올)

🧪 실험 전에 알아 두세요!

무지개 물탑의 비밀은 바로 설탕물의 밀도 차이에 있습니다. 밀도는 질량을 부피로 나눈 값인데, 밀도가 큰 것이 무거우니 아래로 가게 되지요. 물보다 밀도가 작으면 물에 뜨고, 밀도가 크면 물에 가라앉는답니다.

실험 TIP 무지개 물탑이 성공하려면 설탕물의 농도 차이를 크게 하고, 설탕을 뜨거운 물로 완전히 녹이고, 설탕물끼리 섞이지 않도록 용기의 벽을 타고 천천히 내려가게 합니다.

설탕을 많이 먹은
설탕물은 가라앉는대.

숫자는 설탕을 넣는 양으로, 차이가 클수록 물탑의 층이 잘 나뉜다.

1 크기가 같은 컵 5개에 0, 3, 6, 9, 12로 숫자를 표시한다.

뜨거운 물에 데지 않도록 주의한다.

2 모든 컵에 뜨거운 물을 같은 양 넣는다. 설탕이 잘 녹도록 뜨거운 물로 한다.

설탕량을 정확하게 재려면 계량스푼을 이용하는 게 좋다.

3 컵에 표시한 숫자만큼 계량스푼이나 숟가락으로 설탕을 넣는다.

4 설탕이 바닥에 가라앉지 않게 젓가락으로 저어서 완전히 녹인다.

5 컵마다 서로 다른 색의 식용색소를 넣는다.

물통이 클 경우 스포이트보다 주사기가 많은 양의 설탕물을 한꺼번에 옮길 수 있어서 편하다.

6 긴 물통에 숫자가 큰 순서대로 설탕물을 넣는다. 이때 벽을 타고 내려가도록 조금씩 흘려야 색이 섞이지 않는다.

7 5색의 설탕물을 차례대로 다 넣으면 무지개 물탑 완성!

연관 놀이 서로 다른 물질로 무지개 물탑 쌓기

물엿과 식용유는 색이 잘 섞이지 않으니 그대로 사용한다.

1 각 액체를 투명한 컵에 담은 다음, 색깔 구별이 어려운 주방세제, 물, 알코올에 식용색소를 섞는다.

2 밀도에 따라 물엿 → 포도 주스 → 주방세제 → 물 → 식용유 → 알코올 순으로 시험관에 넣는다.

시험관 대신 물통을 이용할 때는 가늘고 긴 투명 물통으로 한다.

3 서로 다른 물질로 무지개 물탑 쌓기 성공!

부글부글~ 화산이 분출한다!

땅속 깊은 곳에서 생성된 마그마가 분출하여 생긴 지형을 '화산'이라고 합니다. 마그마가 나오는 구멍은 '분화구' 큰 화산 주위로 폭발이 일어나며 생긴 작은 화산을 '기생화산'으로 부릅니다. 백두산 천지처럼, 분화구가 무너진 곳에 물이 고여 생겨난 호수는 '칼데라'라고 합니다. 찰흙과 클레이로 화산을 만들어서 실제 화산이 폭발할 때처럼 지형이 변화하는 과정도 살펴보고, 위의 용어들도 직접 찾아보도록 해요.

대상연령 5세 이상   **소요시간** 20분

초등연계 과학 4-2 화산과 지진 · 5-2 산과 염기

실험목표 화산 활동 이해 · 산과 염기의 반응 이해

준비물을 확인해요~

공통재료
- ☐ 베이킹 소다
- ☐ 주방세제
- ☐ 쟁반

본 놀이
- ☐ 식초
- ☐ 빨간색 물감
- ☐ 찰흙
- ☐ 클레이
- ☐ 젓가락
- ☐ 깔때기
- ☐ 음료수병
- ☐ 물약병
- ☐ 고무호스
- ☐ 빨대
- ☐ 공룡 피규어
- ☐ 글루건

연관놀이
- ☐ 레몬
- ☐ 식용색소
- ☐ 아이스크림 막대

실험 전에 알아 두세요!

식초와 베이킹 소다가 결합하면 화학 반응이 일어납니다. 이 실험에서는 빨간색 물감과 주방세제까지 함께 넣어서 실제 용암처럼 빨간 거품이 흘러내립니다. 이 용액 때문에 클레이가 녹고 모양이 변하기까지 하는데, 화산 활동도 이와 비슷합니다.

연관놀이 레몬 화산 폭발도 마찬가지 원리입니다. 레몬 속 시트르산이 식초 속 아세트산처럼 베이킹 소다를 만나며 화학 반응을 일으키는 것입니다.

이산화 탄소가 든 거품이 부글부글 흘러내리는 모습을 봐! 꼭 마그마 같아~

고무호스와 빨대를 끼운 틈새는 글루건으로 막는다.

1 음료수병 뚜껑에 구멍을 내어 고무호스를 끼우고, 몸통에는 빨대 2개를 끼워 준다.

바닥이 지저분해지니 쟁반에 놓고 하는 게 좋다.

2 음료수병에 찰흙을 붙여서 화산을 만든다. 이때 화산 폭발의 모습을 관찰할 수 있도록 병의 반쪽은 남겨 둔다.

3 클레이, 피규어 등을 활용하여 공룡 시대처럼 화산 주변을 꾸민다.

4 음료수병에 베이킹 소다를 반쯤 채운다. 깔때기가 없으면 종이를 깔때기 모양으로 말아서 사용한다.

5 빨간색 물감과 주방세제를 섞은 다음, 화산에 넣고 젓가락으로 섞어 준다.

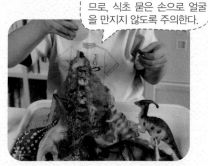

식초가 눈에 들어가면 따가우므로, 식초 묻은 손으로 얼굴을 만지지 않도록 주의한다.

6 물약병에 식초를 담아서 입구에 넣는다. 잠잠해지면 식초를 더 넣거나 젓가락으로 병 안을 젓는다.

⭐ 고무호스에 식초를 넣으면 양옆의 빨대로 용암이 솟구치고, 빨대에 식초를 넣으면 반대편 빨대와 고무호스로 용암이 나오는 것을 확인할 수 있다.

연관 놀이 **레몬 화산 폭발**

중간중간 아이스크림 막대로 섞어 주거나 식초와 베이킹 소다를 추가하면 거품이 계속 나온다.

1 레몬을 반으로 자르고 바닥에 고정할 수 있도록 뾰족한 끝 부분을 잘라 낸다.

2 레몬 심지에 칼집을 내고 레몬즙이 잘 나오도록 아이스크림 막대로 과육을 누른다.

3 식용색소와 주방세제를 조금씩 떨어트린다.

4 그 위에 베이킹 소다를 한 스푼 뿌린 다음 반응을 지켜본다.

29

냉장고 없이 만드는 슬러시

옛날 로마 귀족들은 한여름에도 샤베트를 만들어 먹었다고 해요. 냉장고가 없던 시절인데 어떻게 했을까요? 알프스의 만년설을 떠다가 소금 성분이 있는 흙을 뿌려서 만들었답니다. 얼음과 소금만 있으면 얼음과자가 만들어지는 원리를 알고 있었던 것이지요. 우리도 주스나 우유로 맛있는 슬러시를 만들어 볼까요?

대상연령 5세 이상   **소요시간** 20분

초등연계 과학 3-1 물질의 성질 심화 · 4-2 물의 상태 변화

실험목표 소금의 성질 이해 · 물의 어는점 이해

 준비물을 확인해요~

공통재료

☐ 얼음   ☐ 소금

본 놀이

☐ 음료수
   * 과일 주스나 어린이 음료수, 우유 등 아이가 마실 수 있는 것으로 준비해요.

☐ 위생장갑 또는 위생봉지

☐ 지퍼백 또는 밀폐용기

연관놀이

☐ 실   ☐ 접시

 실험 전에 알아 두세요!

액체에 다른 물질을 녹이면 어는점이 내려갑니다. 또, 소금이 물에 녹을 때와 얼음이 녹아 물이 될 때, 주위의 열을 흡수합니다. 이 두 가지 원리로 소금을 얼음에 뿌리면 주위의 온도가 낮아지고 물의 어는점도 낮아지지요. 냉장고 없이도 온도가 내려가면서 봉지 속 음료수가 슬러시가 되는 것입니다.

연관놀이 얼음낚시 놀이도 같은 원리입니다. 얼음에 소금을 뿌리면 어는점이 내려가 녹았다가, 주위 온도가 낮아지면서 다시 얼게 됩니다. 그래서 얼음이 실을 따라 올라올 수 있지요. 겨울철에 눈이 많이 내리거나 빙판길이 생길 때 제설제를 뿌려 주는 것도 어는점을 내리기 위해서랍니다.

얼음에 소금을 넣으니까 주변이 으스스 얼어붙는구나!

1 위생장갑에 음료수를 담아서 새지 않게 밀봉한다.

2 지퍼백에 얼음을 넉넉히 담는다.

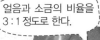

얼음과 소금의 비율을 3 : 1 정도로 한다.

3 지퍼백 안에 1에서 만든 음료수 봉지를 넣은 다음 소금을 뿌린다.

4 지퍼백을 잘 닫고 얼음과 소금이 골고루 잘 섞이도록 흔들어 준다.

얼음과 봉지가 만나는 면적이 넓을수록 더 빨리 만들어진다.

5 5~10분 정도 흔들면 슬러시가 완성된다.

연관 놀이 얼음에 찰싹! 얼음낚시

사각 모양 얼음이 실이나 소금을 올릴 때 기울지 않는다.

1 접시에 얼음 조각을 놓고 실을 얼음 조각 위에 가로질러 놓는다. 이때 실이 얼음에 닿게 해야 한다.

2 얼음 위에 소금을 조금만 뿌려 준다.

3 얼음이 녹았다가 다시 얼 때까지 10~20초 정도 기다린 다음 실을 들어 올리면 얼음이 실을 따라 올라온다.

4 얼음을 또 하나 올리고 10초 이상 누르면 얼음 목걸이도 만들 수 있다.

방울토마토 도레미

이스라엘과 요르단에 걸쳐 있는 사해는 세계에서 손꼽히는 '짠' 호수입니다. 요르단 강이 흘러들어오지만, 유출구 없이 꼭 막힌 호수이고 사막의 건조한 기후 때문에 들어오는 물만큼 수분이 증발하면서 염도가 매우 높다고 해요. 사해에서는 수영을 못하는 사람도 쉽게 둥둥 뜨게 되지요. 밀도의 차이로 부력이 생기는 것인데, 수영장에서 구명조끼를 입을 때도 물보다 밀도가 낮아져 뜨는 것이랍니다.

대상연령 5세 이상　　**소요시간** 10분

초등연계 과학 5-1 용해와 용액

실험목표 액체의 밀도 이해 · 밀도와 부력의 관계 이해

 준비물을 확인해요~

공통재료
- ☐ 깊이가 있는 투명 용기
- ☐ 물

본놀이
- ☐ 방울토마토
- ☐ 소금
- ☐ 같은 크기의 투명한 컵 3개

연관놀이
- ☐ 귤

 실험 전에 알아 두세요!

크기가 작은 방울토마토라도 밀도(단위 부피당 질량)가 물보다 높아서 물에 가라앉습니다. 하지만 소금을 많이 넣은 물은 방울토마토보다 밀도가 커져서 방울토마토가 뜨게 되지요. 소금물의 밀도에 따라 차이가 나는 것을 이용하면, 방울토마토를 완전히 가라앉힐 수도 있고, 중간쯤 띄우기도 할 수 있어요.

실험 TIP 다른 과일이나 채소도 물에 뜰지 가라앉을지 예측하고 실험해 보세요. 크기가 크면 물에 가라앉을 것으로 생각하기 쉬운데, 수박은 크기가 커도 뜨는 반면, 크기가 작은 포도알은 물에 가라앉는 것을 확인할 수 있어요.

짜디짠 바닷물에서 몸이 더 잘 뜨는 이유는 바로 밀도 때문이지!

방울토마토를 넣기 전에 뜰지 가라앉을지 이야기해 본다.

1 투명 용기에 물을 담고 방울토마토를 넣고 방울토마토의 움직임을 관찰한다.

2 용기의 물을 버리고 소금을 듬뿍 섞은 물을 다시 붓는다.

3 소금물 위에 방울토마토가 뜨는 것을 관찰한다.

소금물　　　물

4 투명한 유리컵 3개를 준비하여 하나는 2의 소금물을, 다른 하나는 물을 붓고, 가운데는 빈 컵으로 놓는다.

5 소금물과 물을 넣은 컵에 방울토마토를 넣는다.

6 가운데 컵에 물과 방울토마토를 담고, 소금을 조금씩 섞으며 방울토마토가 중간쯤 뜰 수 있도록 한다.

연관 놀이　귤은 물에 뜰까? 가라앉을까?

귤껍질에는 공기가 많이 포함되어 있어서 물보다 밀도가 낮다. 이 때문에 껍질을 벗기지 않은 귤이 물에 뜰 수 있다.

1 투명한 용기에 물을 담고 귤을 넣으면 귤이 물 위에 뜬다.

2 귤을 여러 개 넣어도 마찬가지로 물 위에 뜬다.

3 귤껍질을 벗겨서 알맹이를 넣으면 물에 가라앉는다.

4 귤껍질은 반대로 물 위에 뜬다.

달콤한 크리스탈 사탕

어린 시절 학교 앞 문방구에서 사 먹던 반지 모양의 보석 사탕을 기억하시나요? 사탕 종류가 많지 않던 시절이라 더 맛있게 느껴졌던 것 같아요. 집에서도 추억의 보석 사탕을 만들 수 있답니다. 보석처럼 결정이 살아 있어서 예쁘고, 직접 만든 것이니 세상에서 제일 맛있는 사탕이 되겠지요. 완성되기까지 일주일을 기다려야 하니 인내심은 필수!

대상연령 6세 이상   **소요시간** 1주일

초등연계 과학 5-1 용해와 용액

실험목표 과포화 상태 이해 · 설탕 결정화 과정 이해

 준비물을 확인해요~

☐ 백설탕   ☐ 식용색소   ☐ 물
☐ 접시   ☐ 투명한 유리컵
☐ 나무 집게
   * 나무 집게가 없으면 수수깡처럼 꼬치막대를 꽂을 수 있는 것으로 준비해요.
☐ 꼬치막대   ☐ 냄비
☐ 버너   ☐ 주걱
   * 불과 뜨거운 물을 다루는 것은 어른이 하도록 합니다.

 실험 전에 알아 두세요!

소금물이 증발하면 결정이 만들어지는데, 설탕물은 끈적끈적해지기만 할 뿐 결정을 보기 어렵습니다. 설탕 결정을 만들려면 설탕이 더 녹지 않을 만큼 녹인 다음 식혀서 과포화 용액을 만들어야 해요. 설탕을 묻힌 꼬치막대를 과포화 용액에 담그면 씨앗이 되어 과포화 용액 안의 설탕이 달라붙어서 설탕 결정이 만들어집니다.

실험 TIP 꼬치막대가 유리컵 바닥이나 옆면과 너무 가깝거나 맞닿아 있으면, 바닥이나 옆면에 결정이 달라붙을 수 있어요. 아름다운 설탕 결정을 보려면 유리컵에서 꼬치막대의 위치를 잘 잡는 것이 중요합니다.

> 씨앗을 뿌리면 식물이 자라는 것처럼, 설탕물에 설탕 씨앗을 뿌리면 사탕나무를 만들 수 있어~

34

같은 양의 물이라면 찬물보다 끓는 물에서 설탕을 더 많이 녹일 수 있다.

1 물에 설탕을 조금씩 넣고 저으며 중불로 끓인다. 설탕을 더 녹일 수 없는 상태가 되면 불을 끈다.

2 설탕물을 식혀 만든 과포화 용액을 유리컵에 붓는다.

3 식용색소를 넣어 섞는다.

4 꼬치막대에 물을 묻힌 다음, 설탕이 담긴 접시에 굴려서 골고루 설탕을 묻혀 준다.

꼬치막대가 유리컵 바닥에 닿지 않게 집게 위치를 조절한다.

5 유리컵에 꼬치막대를 담글 수 있도록 집게로 꼬치막대를 집는다.

유리컵 위에 키친타올이나 랩을 덮어 두면 먼지가 들어가는 것을 막을 수 있다.

6 설탕 꼬치를 3의 유리컵에 담근 다음, 1주일가량 실온에 둔다.

7 꼬치막대를 꺼내어 설탕 결정이 붙은 것을 관찰한다.

8 설탕물을 말려 주면 사탕 완성!

소금물을 넓은 접시에 담고 상온에 보관해 보자. 물이 날아가면서 생긴 결정 모양을 관찰할 수 있다.

기묘한 녹말 반죽

사람이 물 위를 걸을 수 있을까요? 네, 걸을 수 있어요. 단, 녹말가루를 탄 물 위에 서라면 말입니다. 외국 사이트에 올라온 한 영상을 보면, 녹말 반죽 위를 걷기도 하고 심지어 줄넘기하는 장면도 있었답니다. 바로 전까지는 분명 손가락 사이로 주르륵 흘러내리던 반죽인데, 손으로 꽉 움켜쥐면 금세 단단해지는 기묘한 녹말 반죽의 비밀을 한번 파헤쳐 볼까요?

대상연령 4세 이상   **소요시간** 30분

초등연계 과학 3-1 물질의 성질 심화

실험목표 녹말의 성질 이해

 준비물을 확인해요~

□ 녹말가루
□ 식용색소 또는 물감
□ 따뜻한 물
□ 그릇
□ 쟁반
□ 채반
□ 망치
□ 깔개

 실험 전에 알아 두세요!

녹말 반죽은 강한 힘을 가하면 강해지고, 약한 힘을 가하면 약해지는 점탄성이 있어요. 녹말 분자의 가운데가 비어 있어서, 충격을 받으면 분자 양쪽 끝이 막히면서 단단한 고체로 변하기 때문입니다. 이런 특성의 물질을 '비뉴턴 유체'라고 하는데, 충격 완화용 제품 개발에 많이 활용됩니다. 천천히 가면 물렁물렁하게 변하여 충격을 흡수해 주고, 반대로 과속하는 차량엔 충격을 가하는 '지능형 과속 방지턱' 역시 비뉴턴 유체로 만들었지요.

면발처럼 부드럽다가 1초 만에 바위처럼 딱딱해지는 것을 보여줄게!

물을 조금씩 넣고 반죽하면서 감촉의 변화를 느끼도록 한다.

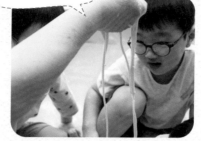

1 그릇에 녹말가루를 담고 손으로 탐색한다.

2 녹말가루에 물을 넣어 주르륵 흘러내리는 느낌이 나도록 반죽한다.

3 녹말 반죽을 꽉 쥐어 둥글게 빚으면 공처럼 단단해진다.

식용색소를 넣으면 아이들이 더 좋아한다. 색깔 반죽을 만들 때, 식용색소를 직접 넣는 것보다 물에 타서 넣는 것이 편하다.

4 다시 손바닥을 펼치면 아이스크림 녹듯이 흘러내리는 것을 확인할 수 있다.

5 녹말 반죽을 채반에 부으면 반죽이 구멍 사이로 국숫발처럼 쏟아진다.

6 그릇에 담긴 녹말 반죽을 망치로 천천히 두드리면 망치가 반죽 속으로 쑥 빠지는 것을 확인할 수 있다.

7 반대로 빠르게 두드리면 녹말 반죽이 단단해져서 반죽 속으로 망치가 빠지지 않는다.

 놀이를 하다가 녹말 반죽이 굳으면 물을 조금 더 넣어 주면 된다.

사라진 물

일회용 기저귀가 나오기 전엔 천 기저귀를 썼습니다. 천 기저귀도 오줌을 흡수하긴 하지만, 오줌이 액체 상태인 그대로 있어서 축축함까지 없앨 순 없습니다. 반면 일회용 기저귀는 보송보송한 느낌이지요. 왜 그럴까요? 순간적으로 오줌을 흡수하여 젤 형태로 만들어 주는 고흡수성 폴리머(polymer)가 들어 있기 때문입니다. 요즘 아이들이 가지고 노는 개구리알 장난감 역시 고흡수성 폴리머로 만들었답니다.

대상연령 5세 이상   **소요시간** 10분

초등연계 과학 3-1 물질의 성질 심화

실험목표 폴리머의 특성 이해

 준비물을 확인해요~

공통재료

☐ 기저귀   ☐ 가위

* 아기용 기저귀가 없으면 애견패드나 생리대를 사용해도 됩니다.

☐ 물   ☐ 식용색소 또는 물감

본놀이

☐ 컵 2개

연관놀이

☐ 종이컵 3개

 실험 전에 알아 두세요!

기저귀나 생리대를 잘라서 살살 털면 '고흡수성 폴리머'라는 하얀 가루가 나옵니다. 컵 속의 물이 사라진 이유는 바로 이것 때문입니다. 고흡수성 폴리머는 물에 녹지 않으면서도 자신의 무게보다 500배 이상의 물을 흡수합니다. 일단 물을 흡수하면 젤 형태로 변해서 눌러도 물이 나오지 않고 오래도록 물을 머금고 있답니다.

고흡수성 폴리머를 수경재배에 이용한 것이 개구리알 화분입니다. 개구리알이 물을 흡수하면 팽창하여 오래도록 수분을 머금고 있다가, 수분이 날아가면 쪼그라들어서 물을 채울 시점을 알려주는 방식이지요.

기저귀에 싼 오줌은 어디로 사라졌을까? 비밀 알려줄까?

1 아기 기저귀를 반으로 자른다.

2 반으로 자른 기저귀를 비비며 털어서 폴리머 가루를 모은다.

3 폴리머에 딸려 나온 솜은 최대한 제거 한 뒤, 폴리머를 컵에 담는다.

4 식용색소를 탄 물을 폴리머가 담긴 컵 에 부어 준다.

5 잠시 후 컵을 거꾸로 뒤집어 보면 물이 쏟아지지 않는다.

6 폴리머가 물을 흡수하여 젤 형태가 된 것을 확인할 수 있다.

연관 놀이 물 먹는 마술

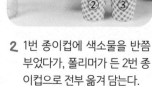

게임 상대는 종이컵에 무엇이 들어 있는지 알 수 없다.

1 종이컵 3개를 준비한다. 기저 귀 안의 폴리머를 모아서 2번 종이컵에 담는다.

2 1번 종이컵에 색소물을 반쯤 부었다가, 폴리머가 든 2번 종 이컵으로 전부 옮겨 담는다.

3 종이컵 자리를 이리저리 바꾸 어 준다.

어떤 종이컵을 골라도 물이 쏟아지지 않는다.

4 어느 종이컵에 물이 있는지 상 대에게 묻고, 답변한 종이컵을 뒤집어서 확인한다.

39

2장

페트병으로
만난 과학

중력을 거스르는 마술 물병

분명 물이 들어 있는 물병인데 거꾸로 뒤집어도 쏟아지지 않는 마술을 본 적 있나요? 동전 위에 물을 조금씩 따르면 동전 밖으로 넘치지 않고 물 표면이 볼록하게 올라오는 것도 볼 수 있습니다. 마술처럼 신기하게 보이지만 실제로는 물의 표면장력 때문에 나타나는 현상입니다. 아이들도 쉽게 따라 할 수 있는 표면장력 마술을 한번 해 볼까요?

대상연령 5세 이상   **소요시간** 10분

초등연계 과학 3-1 물질의 성질 심화

실험목표 물의 특성 이해 · 물의 표면장력 이해

 준비물을 확인해요~

공통재료

☐ 물

본 놀이

☐ 식용색소 또는 물감

☐ 접착테이프

☐ 큰 그릇

☐ 500mL 페트병

연관놀이

☐ 송곳   ☐ 1.5~2.0L 페트병

42

 실험 전에 알아 두세요!

액체는 분자끼리 서로 끌어당기면서 표면을 작게 하려는 표면장력이 있습니다. 특히 물은 다른 액체보다 표면장력이 크지요. 페트병의 입구를 반 이상 막아 주면 물의 표면장력으로 인해 물병을 거꾸로 뒤집어도 물이 쏟아지지 않게 됩니다.

실험 TIP 접착테이프 대신 스타킹이나 양파망을 이용해도 쏟아지지 않는 물병을 만들 수 있어요. 이때는 물을 최대한 가득 담아야 합니다.

연관놀이 손가락으로 구멍을 문지르는 것이 물 분자들이 서로 만날 수 있게 도와주면서 표면장력으로 물줄기가 합쳐진답니다.

병뚜껑이 없어도 표면장력이 물을 막아 준다니까~

물의 움직임을 더 잘 관찰하기 위해 식용 색소를 섞는다.

1 투명한 페트병에 식용색소를 섞은 물을 가득 채운다.

2 페트병 입구의 2/3 정도를 투명한 접착테이프로 막는다.

큰 그릇을 받쳐 놓고 물이 쏟아질 때를 대비한다.

3 페트병의 입구를 손바닥으로 막은 채 페트병을 뒤집는다.

4 페트병을 막고 있던 손을 조심스럽게 떼어 내면, 물이 쏟아지지 않는 것을 확인할 수 있다.

5 페트병을 45도 기울이면 물이 마구마구 쏟아진다.

6 페트병을 다시 세우면 쏟아지던 물이 멈추고, 다시 서서히 기울이면 물이 쏟아진다.

연관 놀이 ## 쏙! 하면 착! 묶이는 물줄기

간격을 1cm 미만으로 좁게 뚫도록 한다.

1 페트병 바닥에서 1cm 정도 위치에 송곳으로 구멍 5개를 나란히 뚫어 준다.

2 페트병에 물을 가득 넣고 뚜껑을 닫으면 대기압 때문에 물이 안 나온다.

3 페트병 뚜껑을 열면 5개의 물줄기가 나오는 것을 관찰할 수 있다.

4 손가락으로 5개의 구멍을 쏙~ 문지르면 물줄기가 합쳐진다.

세상에서 제일 작은 탈수기

비 오는 날 우산을 빙글빙글 돌리면 물방울이 사방으로 튕겨 나갑니다. 물체가 원운동을 할 때 원의 중심에서 멀어지려고 하는 힘 때문에 이런 현상이 나타나지요. 아이들이 좋아하는 솜사탕도 이런 힘을 이용한 것입니다. 솜사탕 기계가 돌아가면서 설탕액이 녹아 나와 외벽에 부딪힌 것을 나무젓가락으로 감아 만든 것이랍니다. 생활에서 가장 쉽게 볼 수 있는 이런 현상은 바로 세탁기의 탈수 기능입니다.

대상연령 6세 이상   **소요시간** 20분

초등연계 과학 5-2 물체의 운동 심화

실험목표 탈수기의 원리 이해 · 원심력과 구심력 이해

준비물을 확인해요~

공통재료
☐ 접착테이프

본 놀이
☐ 1.5L 페트병   ☐ 80cm 운동화끈
☐ 실패   ☐ 연필   ☐ 손수건
☐ 칼   ☐ 가위   ☐ 송곳

연관놀이
☐ 탁구공   ☐ 실
☐ 고무찰흙   ☐ 빨대

44

실험 전에 알아 두세요!

원심력의 '원'은 '멀다'는 뜻으로 원의 중심에서 멀어지려는 힘을 말합니다. 페트병이 회전할 때 젖은 손수건은 원의 중심에서 멀어지려고 하지만, 페트병 때문에 밖으로 못 나오고 물방울만 구멍을 통해 나옵니다. 바로 원심력 때문이지요. 세탁기의 탈수 기능이나 야채 탈수기, 회전 물걸레 청소기도 같은 원리입니다.

연관놀이 구심력은 원의 중심으로 향하는 힘입니다. 원심력과 구심력은 서로 반대 방향으로 작용하지만 크기가 같습니다. 놀이공원에서 회전 그네나 롤러코스터를 탈 때 튕겨 나가지 않는 이유이지요.

세탁기를 왜 돌린다고 하는지 알려줄게~

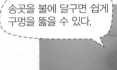

송곳을 불에 달구면 쉽게 구멍을 뚫을 수 있다.

가늘거나 납작한 끈은 힘이 약하므로, 둥글고 두꺼운 운동화끈으로 준비한다.

1 페트병 중간을 잘라서 아랫부분에 송곳으로 구멍을 많이 낸다. 이때 일정한 간격으로 뚫어 주면 좋다.

2 끈의 양쪽 끝을 페트병 상단 구멍에 묶고 중간을 손잡이처럼 고리를 만든다.

3 고리 부분을 실패에 끼운다. 실패의 한 면을 열면 쉽게 구멍을 통과시킬 수 있다.

연필이 돌아가지 않을 때까지 감는다.

4 고리 끝을 연필에 묶은 다음 움직이지 않도록 접착 테이프로 고정한다.

5 탈수통 역할을 하는 페트병 안에 젖은 손수건을 넣는다.

6 한 손으로 실패를 잡고 반대편 손으로 연필을 빠르게 돌린다.

7 연필을 잡은 손을 놓고 실패를 들어 올리면 페트병이 회전하면서 손수건의 물기가 페트병 구멍 밖으로 나온다.

연관 놀이 **탁구공 회전 그네**

탁구공을 더 큰 힘으로 돌리면 탁구공은 큰 원을 그리며 밖으로 나가고, 찰흙 뭉치는 빨대 쪽으로 끌려 올라간다.

실 끝에 고무찰흙을 조금 붙이면 통과하기 쉽다.

1 탁구공에 실의 한쪽 끝을 접착 테이프로 붙인다.

2 실의 반대편 끝을 빨대에 넣어 빼낸다.

3 빨대를 빠져나온 실에 고무찰흙을 동그랗게 빚어 매단다.

4 빨대를 잡고 탁구공을 돌린다.

빛은 물줄기 따라 직진 또 직진

밤에 손전등을 켜면 빛이 직선으로 쭉 나 갑니다. 구름 사이로 햇빛이 비칠 때도 역 시 직선으로 내려옵니다. 이렇게 빛이 직 진하는 것은 성질이 같은 물질 안에서 만 일어납니다. 서로 다른 물질의 경계 면에서는 빛의 반사와 굴절이 일어납 니다. 빛이 반사하기 때문에 거울로 얼굴을 볼 수 있고, 빛이 굴절하기 때 문에 물속의 빨대가 휘어 보이는 것이 지요. 그런데 빛이 물줄기를 따라 휘어 지며 흐를 수 있을까요?

대상연령 5세 이상   **소요시간** 10분

초등연계 과학 4-2 그림자와 거울

실험목표 빛의 특성 이해

 ## 준비물을 확인해요~

☐ 2L 페트병
☐ 물   ☐ 레이저 포인터
☐ 송곳   ☐ 작은 의자
☐ 접착테이프
☐ 물을 담을 수 있는 넓은 쟁반
☐ 마른걸레

 ## 실험 전에 알아 두세요!

빛은 공기 중에서보다 물속에서 느리게 이동합니다. 느리게 이동하던 빛이 물줄기 표면을 만나면 대부분 물줄기 내부로 반사됩니다. 물줄기 안에서 직진하다 가 공기와 만나는 지점에서 다시 반사되는 과정이 반 복되면서 물줄기 안에서 움직이는데, 이 모습이 마치 물줄기와 함께 흐르는 것처럼 보여지지요.

 봐~ 빛이 직진하지? 그런 데 물줄기를 따라 휘는 마술을 보여줄게~

1 페트병 바닥에서 조금 위에 송곳으로
작은 구멍을 뚫는다.

2 접착테이프로 구멍을 막는다.

3 페트병에 물을 가득 담고 뚜껑을 닫는
다.

페트병 구멍이 쟁반 쪽을
향하도록 놓는다.

페트병 뚜껑을 닫은 상태
에서는 접착테이프를 떼
도 물이 나오지 않는다.

레이저 포인터의 초점을
물이 나오는 구멍에 잘
맞춰야 성공할 수 있다.

4 작은 의자에 페트병을 올려놓고 의자
옆에 물을 받을 수 있는 넓은 쟁반을 놓
는다.

5 구멍에 붙여 놓은 접착테이프를 뗀 후,
방의 불을 끄거나 커튼을 닫아서 주변
을 어둡게 한다.

6 페트병 뚜껑을 열어 물이 흐르게 하고,
레이저 포인터로 구멍 반대쪽에서 구
멍으로 초점을 맞추어 빛을 비춘다.

7 빛이 물줄기를 따라 휘어져서 흐른다.

8 빛의 색깔이 바뀌면 물의 색깔도 바뀐
다.

9 물줄기 아래에 손바닥을 대고 있으면
손바닥에 빛이 닿는다.

물의 힘으로 돌아가는 물레방아

물레방아는 위에 있던 물이 아래로 떨어지면서 물레처럼 생긴 바퀴가 돌아갑니다. 물의 힘을 활용해 곡식을 찧는 전통적 기술이지요. 수력발전도 물레방아와 같은 원리로, 댐 상류에 물을 가두었다가 수문을 열면서 아래로 떨어지는 힘으로 발전기를 돌려서 전기를 만드는 것입니다. 물레방아와 수력발전소 사진을 통해 생김새와 쓰임새를 보여주면서 물의 힘에 대해 먼저 이야기 나눈 후 활동을 시작해 보세요.

대상연령 5세 이상   **소요시간** 20분

초등연계 과학 6-2 에너지와 생활

실험목표 에너지의 형태 이해 · 물의 세기에 따른 변화 이해

준비물을 확인해요~

☐ 1.5 L 페트병 2개
☐ 투명 플라스틱컵
  * 투명 플라스틱컵이 없을 경우, 겉면이 매끈한 페트병을 잘라서 사용합니다.
☐ 꼬치막대
☐ 감자
  * 감자 대신 무, 당근 등 단단한 채소는 모두 가능해요.
☐ 쇠젓가락   ☐ 가위

🧪 실험 전에 알아 두세요!

페트병으로 물레방아를 만들어 봄으로써 물의 위치에너지가 물레방아를 움직이는 운동에너지로 전환되는 것을 알 수 있습니다. 또한, 바가지로 물을 부을 때와 호스를 이용할 때, 높은 곳에서 부을 때와 낮은 곳에서 부을 때도 물레방아 속도가 달라집니다. 어른에게는 너무나 당연하게 받아들여지는 현상이지만, 아이들은 달라요. 물레방아 속도가 수압이 높을수록 빨라지는 것을 직접 실험으로 알게 되면 정말로 신기해한답니다.

> 어떻게 하면 물레방아가
> 더 빨리 돌 수 있을까?

1 감자를 직육면체 모양으로 썰어서 물레방아의 몸체를 만든다.

2 쇠젓가락으로 감자 가운데에 구멍을 뚫은 다음 꼬치막대를 꽂는다.

페트병의 매끈한 면으로 만들어도 된다.

3 일회용 플라스틱컵의 바닥을 잘라 낸 후, 몸통을 4등분으로 오려서 물레방아 날개를 만든다.

4 직육면체 감자의 4면에 물레방아 날개를 하나씩 꽂는다. 이때 날개의 곡면이 같은 방향이 되도록 한다.

페트병은 물레방아 지지대 역할을 한다.

5 페트병 2개를 반으로 잘라서 아랫부분에 꼬치를 끼울 구멍을 뚫는다. 4의 꼬치를 끼우면 물레방아가 완성된다.

6 페트병에 물을 담아서 지지대가 쓰러지지 않도록 한다.

7 물레방아 날개에 바가지로 물을 부어 준다.

8 호스를 이용하여 물을 부으며 수압에 따른 물레방아 속도를 비교한다.

물을 약하게 틀 때와 세게 틀 때, 감자에 물을 틀 때와 날개에 틀 때, 물을 높은 곳에서 부을 때와 낮은 곳에서 부을 때 등 다양한 조건으로 실험한다.

오줌싸개 인형

대부분의 물체는 온도가 높아지면 부피가 늘어나고 온도가 낮아지면 부피가 줄어듭니다. 풍선을 따뜻한 물에 넣으면 풍선이 더 커지고 차가운 물에 넣으면 풍선이 작아지는 것, 과자 봉지를 따뜻한 곳에 두면 부풀어 오르는 것도 같은 현상입니다. 온도의 변화에 따라 부피가 변화하는 현상을 인형이 오줌을 싸는 재밌는 실험으로 살펴볼까요?

대상연령 6세 이상   **소요시간** 15분

초등연계 과학 6-1 여러 가지 기체

실험목표 공기의 특성 이해 · 온도에 따른 공기의 부피 변화 이해

 준비물을 확인해요~

□ 작은 페트병
□ 뜨거운 물   □ 차가운 물
□ 그릇 2개(페트병이 들어가는 크기)
□ 넓은 쟁반   □ 밥그릇
□ 집게   □ 수건
□ 코팅한 어린아이 그림

   * 손코팅지와 다리미를 이용하면 코팅기 없이도 간편하게 코팅할 수 있어요.

 실험 전에 알아 두세요!

온도가 올라가면 공기의 부피가 커지고, 온도가 내려가면 공기의 부피가 다시 작아지는 원리를 이용한 실험입니다. 오줌싸개 인형을 처음 뜨거운 물에 넣을 때 생기는 기포는 공기의 부피가 커지면서 내부의 공기가 밀려 나오는 것입니다. 그다음 차가운 물에 인형을 넣으면 공기의 부피가 작아지면서 생기는 공간으로 물이 빨려 들어갑니다. 마지막으로 인형 머리에 뜨거운 물을 부으면 물이 밖으로 나오게 됩니다. 내부 공기의 부피가 커짐에 따라 공기가 물을 구멍 밖으로 밀어내기 때문입니다.

 따뜻한 물에서는 공기가 빵빵해져서 병 밖으로 물이 밀려나.

그림을 붙일 때 구멍을 막지 않도록 한다.

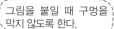

물줄기가 멀리 나가므로 욕실이나 베란다, 야외에서 실험하면 좋다.

1 페트병 아래쪽에 송곳으로 구멍을 뚫는다.

2 페트병 구멍 위로 코팅한 어린아이 그림을 붙여서 오줌싸개 인형을 만든다.

3 그릇 하나는 뜨거운 물, 다른 하나는 차가운 물을 담는다.

다음에서 물을 부어야 하므로 쟁반 위에 밥그릇을 놓는다.

4 오줌싸개 인형을 뜨거운 물에 넣어서 기포가 안 나올 때까지 담가 놓는다.

5 오줌싸개 인형을 차가운 물로 옮기면 인형 안으로 물이 들어간다.

6 오줌싸개 인형에 물이 채워지면 꺼내서 엎어 놓은 밥그릇 위에 세운다.

7 오줌싸개 인형 머리에 뜨거운 물을 천천히 부어 준다.

8 물줄기가 포물선을 그리며 앞으로 나오는 것을 확인할 수 있다.

끓는 물과 얼음물을 사용하면 온도의 차이가 커지게 되어 오줌싸개 인형에서 물이 더 많이 나온다. 7번에서 뜨거운 물을 부을 때 커피포트로 막 끓인 물을 사용하되, 아이들이 물에 데지 않도록 비켜서게 한 다음 어른이 대신 물을 부어 주도록 한다.

구름이 뭉게뭉게

솜사탕처럼 뭉게뭉게 떠 있는 구름은 작은 물방울이나 얼음 알갱이로 이루어진 것이에요. 하늘 높이 올라간 수증기는 압력과 온도가 낮아지면서 기체가 액체로, 액체가 고체로 변하게 되는데, 그렇게 뭉쳐져서 공기 중에 떠 있는 것이 바로 구름입니다. 안개 역시 위치만 다를 뿐, 만들어지는 원리는 구름과 같아요. 집에서도 압력과 온도에 변화를 주면 구름과 안개를 만들어 볼 수 있답니다!

대상연령 6세 이상 **소요시간** 15분

초등연계 과학 5-2 날씨와 우리 생활

실험목표 구름과 안개의 생성 원리 · 압력, 부피, 온도의 관계

 준비물을 확인해요~

공통재료

□ 향 또는 성냥   □ 따뜻한 물

   * 성냥은 금세 타오르므로 성냥을 이용할 때는 어른이 대신하도록 합니다.

□ 라이터   □ 검은색 종이

본 놀이

□ 1.5~2.0L 페트병

연관놀이

□ 유리병   □ 얼음 넣은 지퍼백

 실험 전에 알아 두세요!

페트병을 눌렀다 떼면 병의 부피가 커집니다. 공기 입자 사이가 멀어지는 과정에서 에너지가 소모되어 온도가 낮아지면서 작은 물방울이 만들어집니다. 이런 물방울이 구름이나 안개처럼 보이는 것이지요. 다시 페트병을 누르면 병의 부피가 줄어들고, 온도가 올라가면서 물방울이 수증기로 바뀌며 페트병 안이 맑아집니다. 페트병에 넣는 연기는 수증기가 더 잘 엉겨 붙게 하는 '응결핵'입니다. 기온이 낮고 습도는 높으며 바람이 없는 날, 공기 중의 미세먼지나 배기가스가 응결핵이 되어 스모그가 발생하지요.

갑자기 페트병 공간이 넓어지면 추워져서 구름이 생긴대~

물이 너무 뜨거우면 페트병이 쪼그라들게 되니 주의한다.

1 페트병에 따뜻한 물을 조금 넣는다.

페트병 겉면의 포장지를 제거해야 구름 형성 과정을 관찰할 수 있다.

2 페트병을 빙빙 돌리며 흔들어서 페트병 전체를 따뜻하게 데운다.

향이 타는 동안 잡고 있어야 한다.

3 페트병을 기울여서 향에 불을 붙여 페트병에 넣고 태운다.

4 연기가 페트병에 채워지면 향을 물에 버리고 재빨리 페트병 뚜껑을 닫는다.

5 페트병 뒤에 검은색 종이를 대고 페트병 중간을 세게 눌렀다가 손을 떼면 뿌옇게 흐려진다.

6 페트병을 다시 누르면 페트병 안이 맑아진다.

연관 놀이 **병 속에 낀 안개**

1 유리병을 따뜻한 물로 데운 다음 조금만 남기고 따라낸다.

2 성냥을 불을 붙여 유리병 안에 연기를 넣는다.

얼음 지퍼백을 유리병 입구에 덮을 때 빈틈이 없어야 한다.

유리병 뒤에 검은색 종이를 대면 더 잘 보인다.

3 몇 초 후 성냥을 물속에 버리고 얼음을 넣은 지퍼백을 유리병 위에 올려놓는다.

4 유리병 안이 뿌옇게 흐려져 안개가 발생하는 것을 관찰한다.

53

페트병 속의 토네이도

토네이도는 강력한 회오리바람을 동반하는 기둥이 구름에서 지면까지 이어지는 것을 말해요. 미국이나 캐나다처럼 넓은 평지가 많은 곳에서 주로 발생하는데, 건물을 휩쓸고 갈 정도로 위력이 대단합니다. 우리나라에선 토네이도의 일종인 '용오름'이 발생한 적이 있지만, 미국처럼 자주 발생하지 않습니다. 토네이도나 용오름에서 볼 수 있는 소용돌이를 한번 만들어 볼까요?

대상연령 5세 이상 **소요시간** 15분

초등연계 과학 5-2 날씨와 우리 생활

실험목표 회오리의 원리 이해 · 공기의 흐름 이해

 준비물을 확인해요~

공통재료
- [ ] 물
- [ ] 식용색소 또는 물감

본 놀이
- [ ] 1.5~2.0L 페트병 2개(뚜껑 포함)
- [ ] 송곳
- [ ] 절연테이프
- [ ] 글루건 또는 순간접착제

연관놀이
- [ ] 뚜껑 있는 유리병
- [ ] 주방세제
- [ ] 작고 가벼운 비즈

실험 전에 알아 두세요!

토네이도는 수직으로 발달한 적란운 속에서 공기가 회전하고 이동하면서 회오리가 발생합니다. 페트병 토네이도 역시 공기의 이동과 회전을 만들어 줘야 해요. 페트병을 돌리지 않고 내려놓으면, 페트병 사이의 구멍은 작고 아래쪽 페트병에 공기가 가득하기 때문에 물이 잘 내려오지 않습니다. 하지만 페트병을 빠른 속도로 원을 그리듯이 돌린 다음 내려놓으면, 가운데가 비어 있는 물기둥이 생기면서 아래쪽 페트병의 공기가 위쪽 페트병으로 이동하게 됩니다. 공기가 이동한 만큼 공간이 생기기 때문에 위쪽 페트병의 물이 내려오면서 토네이도가 만들어집니다.

토네이도의 기둥은 공기가 빨리 회전하는 동시에 구름 속으로 빨려 들어가면서 생겨~

불에 달군 송곳으로 구멍을 뚫은 다음, 가윗날을 넣어서 돌리면 된다.

물을 너무 가득 채우지 않아야 한다.

1 페트병 뚜껑 2개를 윗면이 서로 맞닿게 하여 글루건이나 순간접착제로 붙여 준다.

2 연결된 뚜껑 중앙에 지름 1cm 정도의 구멍을 뚫는다.

3 페트병 한 개에만 물을 반 이상 채운다. 이때 물의 움직임이 잘 보이도록 식용 색소를 넣는다.

페트병을 돌릴 때 한 방향으로 돌려야 한다.

4 물을 채운 페트병 위에 2의 뚜껑을 닫고 위에는 빈 페트병을 끼워 준다.

5 연결된 페트병 뚜껑 주변을 절연테이프로 꼼꼼하게 감싸 준다.

6 물을 담은 페트병이 위로 가게 바꾼 후, 빠른 속도로 돌리다가 내려놓고 물의 움직임을 관찰한다.

연관 놀이 주방세제로 만든 토네이도

색소를 많이 넣으면 토네이도가 잘 보이지 않는다.

1 유리병에 물을 채우고 윗부분에 약 2~3cm의 공간을 남겨 놓는다.

2 주방세제 1T와 식용색소를 조금만 넣은 다음, 뚜껑을 닫고 유리병을 몇 번 돌려서 색소를 잘 섞는다.

3 빠르게 유리병을 돌린 후 내려놓고 토네이도를 관찰한다. 크기가 작고 가벼운 비즈를 넣고 관찰해도 좋다.

4 바다나 들판을 배경으로 하면 더욱 생생한 토네이도가 만들어진다.

심장은 생명의 펌프

심장은 혈액을 온몸으로 순환시켜 몸에 필요한 산소와 영양소를 운반합니다. 산소가 없으면 한순간도 살 수 없으니 가장 중요한 신체 기관이지요. 정맥을 통해 심방으로 들어온 혈액은 심방이 수축하면서 심실로 이동하고, 다시 심실이 수축하면서 동맥을 통해 온몸으로 나가는데, 펌프 작용과 유사합니다. 복잡하게 느껴지지만, 페트병과 빨대로 모형을 만들어서 직접 보면 좀 더 이해가 될 거예요.

대상연령 7세 이상   **소요시간** 10분

초등연계 과학 6-2 우리 몸의 구조와 기능

실험목표 심장의 구조 이해 · 심장의 기능 이해

 준비물을 확인해요~

□ 500mL 페트병 3개
□ 주름빨대 4개
□ 물
□ 빨간 식용색소 또는 물감
□ 고무찰흙
□ 접착테이프

 실험 전에 알아 두세요!

첫 번째 페트병은 심장의 심방, 가운데는 심실, 세 번째는 폐를 비롯한 우리 몸을 나타냅니다. 가운데 페트병을 손으로 누르면 세 번째 페트병으로 붉은 물이 이동하는데, 심실이 수축하면서 온몸으로 혈액이 나가는 것과 같습니다. 이때 페트병 사이의 빨대를 손가락으로 눌러 막는 것은 혈액의 역류를 막는 '판막'의 기능입니다.

페트병을 빠르게 누르면 붉은 물의 이동량과 이동 속도가 증가하고, 천천히 누르면 감소합니다. 우리가 운동할 때는 심장이 빠르게 뛰고 잠을 잘 때는 심장이 느리게 뛰는 것처럼 말이죠.

페트병을 눌러야 물이 이동하는 것처럼 심장도 수축해야 혈액이 이동해~

큰 구멍은 빨대가 통과할 수 있어야 한다.

송곳을 불에 달구어 구멍을 뚫는다.

1 페트병 하나는 뚜껑에 큰 구멍과 작은 구멍을, 다른 하나는 큰 구멍만 2개 뚫는다.

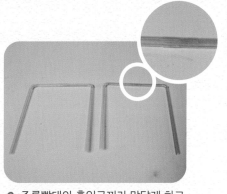

2 주름빨대의 흡입구끼리 맞닿게 하고 접착테이프로 감아서 위와 같은 모양으로 2세트를 준비한다.

3 물에 빨간 식용색소를 섞는다.

4 페트병 2개에 빨간 물을 80% 정도 채우고, 페트병 하나는 비워 둔다.

뚜껑에 큰 구멍 2개를 뚫은 페트병은 가운데로 놓는다.

5 빨간 물을 채운 페트병은 구멍을 낸 뚜껑을 닫고, 빈 페트병은 뚜껑 없는 상태로 둔다.

6 앞에서 연결한 빨대를 페트병 뚜껑의 구멍에 끼운다.

7 빨대와 구멍의 틈새를 접착력이 있는 고무찰흙으로 꼼꼼하게 막는다.

8 ①과 ② 사이의 빨대를 눌러 막은 상태에서 ②를 누르면, ②의 물이 ③으로 이동하는 것을 관찰할 수 있다.

9 ②를 누른 상태에서 ②와 ③ 사이의 빨대 중앙을 눌러 막고, ②를 누르던 손을 풀면 ①의 물이 ②로 이동한다.

깨끗한 물로 변신! 돌멩이 정수기

비나 눈이 내리면 물이 땅으로 스며들어서 모래나 자갈 등 땅을 이루는 여러 층을 통과하며 내려갑니다. 이 과정에서 지구 표면의 오염된 물질이 정화되어 우리가 사용할 수 있는 물이 되지요. 이렇게 물이 정화되는 과정을 간단한 실험으로 살펴볼 수 있어요. 실험에서는 액체나 기체의 오염 물질을 잘 빨아들이는 숯도 함께 넣어서 더 깨끗한 물로 걸러 보도록 해요!

대상연령 6세 이상   **소요시간** 40분

초등연계 과학 4-1 혼합물의 분리

실험목표 혼합물을 분리하는 방법 이해 · 물의 정화 과정 이해

 준비물을 확인해요~

☐ 1.5~2.0L 페트병 2개
☐ 모래   ☐ 작은 자갈
☐ 굵은 자갈   ☐ 숯
☐ 솜   ☐ 거즈
☐ 고무줄   ☐ 흙탕물
☐ 칼 또는 가위

 실험 전에 알아 두세요!

혼합물은 각자의 성질을 유지한 채 섞여 있어서 분리가 쉬운 물질을 말합니다. 흙탕물은 대표적인 혼합물이지요. 흙탕물이 맑아질 수 있었던 것은 페트병 속에 있던 자갈, 모래와 숯이 흙탕물의 크고 작은 덩어리들과 오염물을 걸러 주기 때문입니다. 거름장치로 사용한 것 중에서도 숯은 내부가 비어 있는 다공성 물질이라 미세한 오염 물질들이 통과하지 못하도록 붙잡아 놓습니다. 이렇게 물질이 경계면에서 서로 달라붙는 현상을 '흡착'이라고 하는데, 흡착의 원리로 작동하는 정수기가 있답니다.

집에서 사용하는 수돗물이나 정수기의 물이 어떻게 만들어지는지 볼까?

58

물과 함께 빠져나올 수 있으니 너무 잘게 부수지 않도록 한다.

1 굵은 자갈, 작은 자갈, 모래는 깨끗이 씻고, 숯은 흡착력이 좋도록 부숴서 준비한다.

2 페트병 하나는 위에서 2/3 지점을 잘라서 윗부분을 사용, 또 하나는 1/2 지점을 잘라 아랫부분을 사용한다.

3 페트병 입구를 거즈로 막는다

입자가 작은 것은 아래로, 입자가 큰 것은 위에 쌓는다.

4 솜, 숯, 모래, 작은 자갈, 굵은 자갈의 순서로 넣어 여과 장치를 만든다.

5 돌멩이 정수기에 흙탕물을 천천히 부어 준다.

6 흙탕물이 맑은 물이 되어 떨어지는 것을 확인할 수 있다.

여러 번 거를수록 물이 더 맑아진다.

7 한 번 걸러진 물을 다시 부어서 더 맑아진 것을 확인한다.

3! 2! 1! 에어 로켓 발사!

2013년 1월, 우리나라 최초의 우주 로켓인 나로호가 나로과학위성을 우주로 쏘아 올리는 데 성공했습니다. 이전까지는 위성이 있긴 했지만, 다른 나라의 로켓에 실려 날아갔거든요. 로켓이 발사되는 장면에서는 항상 엄청난 폭발음과 화염이 빠지지 않는데, 여기에 작용과 반작용의 원리가 숨어 있습니다. 로켓이 아래로 가스를 분출하는 것과 똑같은 크기의 힘으로 로켓을 위로 밀어 올린답니다.

대상연령 7세 이상   **소요시간** 20분

초등연계 과학 6-2 에너지와 생활 심화

실험목표 로켓의 원리 이해 · 작용과 반작용 이해

📝 준비물을 확인해요~

☐ 우드락   ☐ OHP 필름
☐ 스티로폼 공   ☐ 동전
☐ PVC 파이프   ☐ 고무호스
　* PVC 파이프와 고무호스는 직경 1.5cm
　　정도로 준비해 주세요.
☐ 1.5L 페트병
　* 페트병은 발로 쉽게 밟을 수 있는 얇은
　　재질로 준비합니다.
☐ 접착테이프   ☐ 절연테이프
☐ 글루건   ☐ 종이
☐ 가위   ☐ 칼

🧪 실험 전에 알아 두세요!

실제 로켓이 작용과 반작용의 원리에 의해 발사되는 것처럼 에어 로켓도 마찬가지입니다. 페트병을 발로 밟는 순간 페트병 안의 공기가 로켓을 미는 '작용'으로 로켓이 날아갑니다. 이때 로켓이 페트병을 미는 '반작용'이 있어서, 페트병을 밟는 데 힘이 듭니다. 손으로 벽을 밀 때도 역시 손이 벽을 미는 작용과 같은 힘으로 벽도 손을 미는 반작용이 발생하여 손이 아프지요.

실험 TIP 에어 로켓을 실내에서 날리면 주변 집기가 떨어지거나 사람이 다칠 수 있으니 야외에서 진행합니다. 순간적인 힘을 받아 날아가기 때문에 로켓 머리가 사람을 향하지 않도록 위쪽 사선 방향으로 날려 주세요.

공기가 로켓을 미는 힘에 로켓이 반응하면서 날아가는 거야!

1 A4 크기의 OHP 필름을 반으로 자른다.

이렇게 로켓 몸체를 만들면 발사대와 적당한 간격이 만들어진다.

2 PVC 파이프를 종이로 감싼 상태에서 그 위로 OHP 필름을 원통 모양으로 말아 접착 테이프를 붙인다. 그다음 파이프와 종이를 빼내면 OHP 원통이 만들어진다.

3 앞에서 만든 OHP 원통의 한쪽 끝을 절연테이프로 막은 다음, 그 위에 동전을 붙인다.

바람을 불어서 접합 부분에 바람이 새는지 확인한다.

4 OHP 원통에 반으로 자른 스티로폼 공을 놓고 절연테이프로 감아서 공기가 새지 않게 한다.

로켓 몸통 완성!

5 우드락으로 로켓 날개 4개를 만들어 OHP 원통 하단에서 1cm 정도 떨어진 곳에 같은 간격으로 붙인다.

6 페트병 뚜껑에 칼로 십자(+) 모양의 구멍을 낸 후, 고무호스를 끼우기 편하게 손으로 눌러 준다.

7 구멍을 낸 페트병 뚜껑에 고무호스를 끼우고 공기가 새지 않도록 글루건으로 틈새를 막는다.

8 고무호스의 반대쪽은 PVC 파이프와 연결한다. 이때도 공기가 새지 않도록 절연테이프로 감는다.

로켓 발사대 완성!

9 PVC 파이프에 로켓 몸통을 끼워 주고, 고무호스 끝에는 페트병을 연결하여 바닥에 내려놓는다.

다른 사람이 PVC 파이프를 잡고, 아이가 점프해서 두 발로 힘껏 페트병을 밟으면 멀리 잘 날아간다.

10 PVC 파이프를 로켓 머리가 위로 향하게 45도로 기울여 잡고 페트병을 발로 세게 밟으면 에어 로켓이 발사된다.

에어 로켓이 잘 날아가게 하는 비법 총정리

해마다 에어 로켓 대회 시즌이 되면 제 블로그가 북적북적합니다. 초등학교에서 대회를 여는 경우가 많아서 초등학생과 학부모들이 '에어 로켓이 잘 날아가게 하는 비법'을 검색하여 들어오거든요. 에어 로켓을 잘 날아가게 하려면 로켓을 만드는 단계부터 꼼꼼히 준비해야 하니, 앞에서 설명한 내용과 겹치더라도 다시 한 번 정리할게요!

첫째, 에어 로켓 몸통이 너무 뻑뻑하거나 헐겁지 않게 만들어요.
OHP 필름으로 에어 로켓 몸통 만들 때, PVC 파이프에 직접 대고 만들면 너무 뻑뻑해서 에어 로켓이 잘 발사되지 않는 경우가 종종 생깁니다. 어림짐작으로 너무 헐겁게 만들어도 힘이 받지 않으니, PVC 파이프에 종이를 먼저 감싼 상태에서 OHP 필름을 대고 말아서 만들어 주세요. 그래야 파이프와 로켓의 간격이 적당해집니다.

둘째, 에어 로켓 머리는 무게감 있게 만들어요.
동전이나 찰흙 등을 에어 로켓 머리에 붙여서 무게감 있게 만들어야 포물선을 그리며 잘 날아갑니다.

셋째, 로켓 발사대에서 바람이 새지 않도록 꼼꼼히 막아요.
페트병과 고무호스, 고무호스와 PVC 파이프 사이를 글루건과 절연 테이프로 꼼꼼하게 감싸서 바람이 새지 않게 해야 합니다.

넷째, 페트병은 사이다병이나 콜라병으로 여러 개 준비해요.
페트병은 생수병보다는 사이다 또는 콜라병으로 준비해 주세요. 페트병을 여러 번 사용하면 찌그러져서 힘이 약해지므로, 대회에 나갈 때는 페트병을 여유 있게 준비해야 합니다.

다섯째, 발사 각도는 45도로 합니다.
에어 로켓을 너무 세워서 발사하면 높이는 올라가도 멀리 날아가지 않아요. 너무 아래를 향하여 발사하면 얼마 날아가지 못하고 바닥에 부딪힙니다.

여섯째, 점프하여 두 발로 힘껏 밟아야 해요.
에어 로켓을 발사할 때 점프하여 힘껏 두 발로 밟아 주세요. 서서 한 발로 밟는 것보다는 점프하여 두 발로 밟을 때 에어 로켓으로 힘을 더 많이 보낼 수 있어요.

일곱째, 대회의 미션에 맞춰 준비해 주세요.
지역마다 학교마다 에어 로켓 대회의 미션이 달라요. 에어 로켓을 멀리 날아가게 하는 게 아니라 과녁을 정확히 맞혀야 하는 경우가 있으니, 먼저 미션을 잘 파악하고 거기에 맞춰서 준비합니다.

3장

맛있는
실험실

바위를 깨트리는 콩

바위가 흙으로 변하는 현상을 풍화 작용이라고 하는데, 여러 원인이 있어요. 바위의 미세한 틈에 스며든 물이 얼었다 녹았다를 반복하면서 바위가 깨지기도 하지요. 다른 액체와 달리 물은 얼면서 부피가 커지니까요. 채석장에서 돌을 쪼개는 데도 같은 원리가 이용됩니다. 절단기로 바위에 틈을 만든 다음, 나무로 된 쐐기를 박아 넣고 틈에 물을 넣어 쐐기를 불리면 바위가 쪼개진답니다. 콩으로도 실험해 볼 수 있어요!

대상연령 5세 이상   **소요시간** 1일

초등연계 과학 4-1 지층과 화석

실험목표 암석의 풍화 작용 이해

준비물을 확인해요~

☐ 말린 완두콩
  * 완두콩 대신 다른 콩을 이용해도 괜찮아요. 단, 말린 콩이어야 해요!
☐ 석고 가루
☐ 종이컵
☐ 투명 플라스틱컵
☐ 나무젓가락
☐ 일회용 숟가락
☐ 물

실험 전에 알아 두세요!

바위가 깨질 때 얼음이 쐐기로 작용하는 것과 마찬가지로, 이 실험에서는 석고 반죽 속의 콩이 쐐기로 작용합니다. 콩이 반죽의 물기를 빨아들이면서 부피가 점점 커지고, 그 과정에서 석고를 밀어내면서 쩍쩍 갈라지게 하고, 결국엔 종이컵도 망가트립니다.

실험 TIP 석고 반죽 속에 아무것도 넣지 않거나 플라스틱 비즈처럼 물에 닿아도 부피가 커지지 않는 것을 넣어서도 한번 실험해 보세요. 실험에 앞서 원리를 알려 준 다음, 각각의 종이컵의 변화를 예측해 보는 것도 과학적 사고력 증진에 도움이 됩니다.

엄청나게 큰 바위도 작은 틈 하나로 깨질 수 있단다~

물을 너무 많이 넣으면 마르기 까지 시간이 오래 걸린다.

1 종이컵에 1/2 정도 석고 가루를 담아 준다.

2 물을 넣고 나무젓가락으로 저어서 석고 반죽을 만든다.

3 석고 반죽에 말린 콩을 한 움큼 넣고 섞 는다.

4 콩이 반죽 안으로 다 들어가도록 숟가 락으로 눌러 준다.

5 말린 콩의 변화를 관찰할 수 있도록 투명 플라스틱컵에도 1~4 과정대로 만든다.

6 시간이 지나면 반죽이 돌처럼 굳고 갈 라진다. 더 지나면 폭발한 것처럼 깨지 며 콩이 밖으로 나온다.

보글보글 라바 램프

영국인 회계사인 에드워드 크레이븐 워커가 라바 램프(Lava Lamp)를 발명했어요. 물과 반투명 왁스를 유리병에 넣고 가열하면, 왁스가 열에 녹으며 위로 상승했다가 유리병 꼭대기에서 응고되어 가라앉기를 반복합니다. 이 모습이 마치 용암이 끓어오르는 것과 비슷해서 '용암'을 뜻하는 '라바(Lava)'를 붙여서 라바 램프가 되었답니다. 발포 비타민과 기름을 왁스 대신 이용하면 가열하지 않고도 만들 수 있어요~

대상연령 5세 이상　　**소요시간** 10분

초등연계 과학 3-1 물질의 성질 심화 · 4-1 혼합물의 분리 심화

실험목표 발포 비타민의 특성 이해 · 물과 기름의 밀도 차이 이해

준비물을 확인해요~

공통재료
- [ ] 발포 비타민　　　 □ 물
- [ ] 식물성 기름(식용유)
- [ ] 식용색소 또는 물감

본놀이
- [ ] 투명하고 긴 물병　 □ 스마트폰

연관놀이
- [ ] 시험관 여러 개　　 □ 스포이트
- [ ] LED 점멸 전구

실험 전에 알아 두세요!

에드워드가 발명한 라바 램프의 핵심 원리는 서로 혼합되지 않는 액체들의 밀도 차이를 이용하는 것입니다. 기름과 물 역시 서로 섞이지 않고 기름이 물보다 밀도가 작기 때문에, 기름은 위로 뜨고 색소물은 아래로 나누어집니다. 여기에 발포 비타민을 넣으면 물과 만나 격렬하게 반응하면서 이산화 탄소 거품을 내뿜게 됩니다. 물보다 가벼운 이산화 탄소가 색소물과 함께 기름층으로 올라가고, 물에서보다 기름 속에서 느리게 움직이면서 오르락내리락합니다.

> 이산화 탄소가 물과 기름 사이를 휘젓고 다니는 모습이 꼭 용암 같아!

1 투명하고 긴 물병에 물을 25% 정도 채우고 식용색소를 섞는다.

2 식물성 기름을 물보다 2~3배 많게 넣는다.

3 발포 비타민을 조각내어 넣고 변화를 관찰한다.

4 주위를 어둡게 하고 스마트폰의 손전등을 켠다. 그 위에 물병을 올린 후, 발포 비타민을 넣고 관찰한다.

연관 놀이 **카멜레온 라바 램프**

> 시험관 입구가 좁으니 스포이트를 이용하면 좋다.

1 시험관에 여러 색의 물을 20% 정도 담고, 식물성 기름을 60~70%까지 넣는다.

2 발포 비타민을 작게 조각내어 시험관에 넣고 관찰한다.

3 LED 점멸 전구를 시험관 아래에 놓고 카멜레온처럼 색이 변하는 라바 램프를 감상한다.

우유로 만든 친환경 장난감

유통기한이 지난 우유, 버리긴 아깝고 어떻게 활용할지 고민이라면 친환경 장난감을 만들어 보세요. 1930년대까지 우유의 카제인 단백질로 만든 단추와 장신구 등이 인기를 끌었다고 해요. 오늘날은 석유가 원료인 플라스틱 장난감이 주를 이루는데, 플라스틱은 자연분해가 되지 않아 환경 오염을 유발합니다. 유통기한이 지난 우유로 예쁜 장난감도 만들고 환경을 생각하는 시간을 가지면 어떨까요?

대상연령 5세 이상   **소요시간** 2일

초등연계 과학 3-1 물질의 성질

실험목표 우유의 성분 이해 · 환경친화적 플라스틱 만들기

 준비물을 확인해요~

□ 우유
□ 식초
□ 식용색소 또는 물감
□ 냄비
□ 면포
　* 면포가 없으면 스타킹을 이용하면 됩니다.
□ 쿠키틀 또는 비누 몰드

 실험 전에 알아 두세요!

우유 속 단백질에는 카제인이 약 80%를 차지하고 있습니다. 열이나 산에 의해 쉽게 응고되는 카제인의 성질 때문에 치즈도 만들 수 있고, 플라스틱 장난감도 만들 수 있어요. 따뜻한 우유에 식초를 넣으면 카제인이 엉기면서 딱딱한 카제인 플라스틱을 얻게 됩니다. 같은 방법으로 우유와 식초(또는 레몬즙), 소금만 있으면 집에서도 간단히 치즈를 만들 수 있어요. 살짝 금이 간 접시도 우유와 함께 중불로 끓여 주면 카제인이 접시의 갈라진 틈을 메워줄 수 있답니다.

 치즈를 만드는 방법으로 플라스틱을 만들 수 있어! 신기하지?

너무 센 불에 오래 끓이면 눌어붙으므로 주의한다.

1 우유를 냄비에 붓고 약한 불에서 중탕 하다가 끓기 전에 불을 끈다.

2 데워진 우유를 컵에 담고 식용색소를 넣어 잘 섞는다.

3 여기에 우유 200mL당 식초 1T 비율로 식초를 넣고 잘 저은 다음 식혀 준다.

4 우유가 식으면 면포에 짜서 수분을 걸러 준다.

5 면포 위에 남은 우유 덩어리를 관찰한 다.

6 점토처럼 된 우유 덩어리를 쿠키틀이나 비누 몰드에 넣어 모양을 빚는다.

잘 마르면 시큼한 식초 냄새가 사라진다.

7 그늘에서 이틀 정도 충분히 말려 주면 카제인 플라스틱 장난감이 완성된다

컵에 빠진 달걀

자신이 가진 생각이나 습관에서 벗어나지 못할 때 '관성적이다'고 표현합니다. 실생활에선 주로 부정적인 의미로 쓰이는데, 이 때의 '관성'은 물리학에서 나온 용어입니다. 멈춰 있는 물체는 계속 멈춰 있으려 하고, 움직이는 물체는 계속 같은 방향으로 움직이려고 하는 성질을 말하지요. 지구가 태양 주위를 도는 것 역시 지구가 계속해서 태양을 돌려고 하는 관성이 작용하고 있답니다!

대상연령 6세 이상 　 **소요시간** 20분

초등연계 과학 5-2 물체의 운동 심화

실험목표 관성의 법칙 이해

준비물을 확인해요~

본놀이
- ☐ 삶은 달걀
- ☐ 일회용 접시
- ☐ 휴지심
- ☐ 투명한 물컵
- ☐ 종이상자
- ☐ 물

연관놀이
- ☐ 500mL 페트병
- ☐ 접착테이프
- ☐ 500원짜리 동전
- ☐ 종이
- ☐ 구슬

　* 일반적인 페트병 입구를 막으려면 500원짜리 동전이 필요해요.

실험 전에 알아 두세요!

달걀이 물컵 안으로 떨어지는 이유는 자기의 상태를 그대로 유지하려는 관성 때문입니다. 달리던 자동차가 급정거할 때 몸이 앞으로 쏠리는 현상, 차가 갑자기 출발하면 몸이 뒤로 젖혀지는 현상, 이불을 방망이로 두드릴 때 이불만 밀려나고 먼지는 제자리에 남아 떨어지는 현상 등 일상에서 관성의 법칙을 쉽게 찾아볼 수 있어요.

연관놀이 구슬이 내려가는 힘으로 동전이 종이관 속에서 회전하고, 그때 생기는 틈으로 구슬이 빠져나가면서 병 속으로 떨어집니다. 이때 동전은 제자리에서 회전만 할 뿐, 종이관에 막혀 페트병 입구에 다시 놓이게 됩니다.

달걀이 멈춰 있고 싶어서 결국 물에 빠지게 되는 거야! 그걸 관성이라고 해~

컵 안의 물이 넘칠 수 있으니 넓은 쟁반 위에서 실험한다.

1 유리컵에 물을 부어 준다.

2 컵 위에 일회용 접시, 휴지심, 삶은 달걀을 순서대로 올려놓는다. 휴지심은 달걀을 고정하는 역할이다.

3 손바닥 전체를 이용하여 일회용 접시 옆면을 빠른 속도로 힘껏 쳐 준다.

4 달걀이 휴지심을 따라가지 않고 컵 안으로 들어가는 것을 관찰할 수 있다.

일회용 접시 대신 종이상자나 하드보드지를 이용한다.

5 달걀 수를 늘려서 실험한다.

연관 놀이 동전을 통과하는 구슬

구슬을 떨어뜨리는 높이가 높을수록 재밌으니 종이관을 길게 만들어 준다.

1 종이를 페트병 입구에 대고 둥글게 말아 붙여서 종이관을 만든다.

2 페트병 입구에 동전을 올려놓고, 종이관을 씌운다. 종이관을 씌운 다음 종이관을 통해 동전을 넣어도 된다.

3 구슬을 종이관 위에서 떨어뜨리고 페트병을 관찰한다.

탱글탱글 달걀 탱탱볼

고대 이집트의 클레오파트라 여왕은 진주를 마셨다고 해요. 딱딱한 진주를 어떻게 마셨을까요? 식초에 녹여서 마셨다고 전해지지만, 진짜인지는 확실치 않아요. 진주가 녹는 데 시간이 엄청 걸리거든요. 진주의 성분인 탄산 칼슘과 식초의 성분인 아세트산이 만나면 탄산 칼슘이 녹는 것만은 분명합니다. 달걀을 식초에 담가 놓으면 같은 원리로 껍데기가 사라지고, 탱탱볼도 만들 수 있답니다.

대상연령 5세 이상   **소요시간** 5~6일

초등연계 과학 5-2 산과 염기 심화

실험목표 물질의 결합에 의한 반응 관찰 · 삼투 작용 이해

 ## 준비물을 확인해요~

본놀이

☐ 날달걀   ☐ 식초

　* 날달걀에는 살모넬라균이 묻어 있을 수 있으니 날달걀을 만진 후에는 반드시 손을 깨끗이 씻어야 합니다.

☐ 투명 밀폐용기

연관놀이

☐ 물   ☐ 투명 플라스틱컵
☐ 식용색소 또는 물감
☐ 눈 스티커   ☐ 바늘

 ## 실험 전에 알아 두세요!

달걀을 식초에 넣으면 표면에 기포가 발생합니다. 달걀 껍데기의 탄산 칼슘이 식초의 성분인 아세트산을 만나 녹으면서 나오는 이산화 탄소입니다. 껍데기가 다 녹은 후 드러나는 얇은 반투막으로 물이 드나들면서 삼투 현상이 일어납니다. 두 액체가 농도 차이가 날 때 농도가 낮은 쪽에서 농도가 높은 쪽으로 액체가 옮겨가는 현상인데, 달걀 내부의 농도가 높고 달걀 외부의 농도가 낮기 때문에 달걀 내부로 물이 들어가면서 탱탱볼이 만들어집니다. 식초에 담그지 않은 달걀과 비교해 보면 부피가 커진 것을 확인할 수 있어요.

> 식초가 달걀 껍데기를 다 녹이면 그 안에서 탱탱볼이 나와~

1 투명 밀폐용기에 날달걀을 넣고 달걀이 잠길 정도로 식초를 부어 준다.

2 달걀 껍데기와 식초가 만나며 기포가 발생하는 현상을 관찰한다.

이산화 탄소가 빠져나갈 수 있게 뚜껑을 밀폐하지는 않는다.

3 뚜껑을 닫고 실온에서 5일 보관하며, 달걀 껍데기가 서서히 녹는 것을 관찰한다.

4 5일 경과 후 식초에서 달걀을 꺼내어 물로 깨끗이 씻은 다음, 날달걀과 비교한다.

응용 우드락에 구멍을 뚫고 달걀 탱탱볼을 굴려서 골프 놀이를 해도 좋다.

준비물 ☐ 우드락   ☐ 칼   ☐ 가위   ☐ 색종이
      ☐ 사인펜   ☐ 이쑤시개

연관 놀이 # 알록달록 달걀 탱탱볼 분수

탱탱볼을 색소 물에 담그면 색소 물을 흡수한다.

1 투명 플라스틱컵에 물을 담고 식용색소를 섞은 다음, 달걀 탱탱볼을 담근다.

2 24시간 경과하면 탱탱볼이 예쁜 색깔로 염색된다. 물기를 닦고 눈 스티커로 꾸며도 좋다.

3 바늘로 살짝 구멍을 내면 색물이 분수처럼 뿜어져 나온다.

오르락내리락 춤추는 건포도

탄산음료의 뚜껑을 따면 쉬이익 소리와 함께 기포가 올라옵니다. 높은 압력에서 녹아 있던 이산화 탄소가 뚜껑을 여는 순간 압력이 낮아지면서 빠져나오는 것이지요. 여기에 건포도를 넣으면 건포도가 춤추듯 오르락내리락합니다. 높은 압력에서 이산화 탄소가 녹아 있는 원리를 이용하면, 탄산음료를 김이 안 빠지게 보관할 수 있어요. 페트병을 최대한 눌러서 공간이 없도록 한 후 뚜껑을 닫아 두면 된답니다.

대상연령 5세 이상   **소요시간** 10분

초등연계 **과학** 5-2 산과 염기 · 6-1 여러 가지 기체

실험목표 산과 염기의 반응 이해 · 이산화 탄소의 발생과 움직임 관찰

 ### 준비물을 확인해요~

공통재료
- ☐ 투명한 유리컵   ☐ 건포도

본놀이
- ☐ 베이킹 소다   ☐ 식초   ☐ 물
- ☐ 숟가락   ☐ 물약병 또는 주사기

연관놀이
- ☐ 사이다   ☐ 빨대

* 사이다 대신 탄산수나 다른 탄산음료(콜라, 환타 등)를 사용해도 괜찮아요.

 ### 실험 전에 알아 두세요!

건포도를 물에 넣으면 물보다 밀도가 크기 때문에 바닥에 가라앉습니다. 하지만 베이킹 소다와 식초를 섞은 물에서는 화학 반응으로 발생한 이산화 탄소가 건포도에 달라붙으면서 밀도가 낮아집니다. 밀도가 낮아진 건포도는 표면으로 떠올랐다가 표면에서 이산화 탄소가 날아가면서 다시 바닥으로 가라앉습니다.

연관놀이 이산화 탄소를 물에 녹이고 감미료를 넣어서 탄산음료가 만들어집니다. 탄산음료를 따면 이산화 탄소가 빠져나가는데, 여기에 건포도를 넣으면 이산화 탄소가 달라붙으며 오르내리게 됩니다.

건포도가 이산화 탄소 구명조끼를 입고 위로 올라가는 거야!

1 유리컵에 절반 정도 물을 넣는다.

2 물컵에 베이킹 소다를 1T 넣고 잘 녹인다.

건포도가 두껍거나 크면 잘라서 사용한다.

3 건포도를 넣고 관찰한다.

4 물약병이나 주사기에 식초를 넣어 물총 쏘듯이 넣는다.

아무것도 섞지 않은 물에 건포도를 넣고 함께 비교해도 좋다.

5 건포도의 움직임과 기포를 관찰한다.

연관 놀이 사이다 먹고 흔들흔들

1 사이다를 유리컵에 따른다.

2 사이다 기포의 움직임을 관찰한다. 빨대를 넣어 빨대 표면에 기포가 생기는 것도 확인할 수 있다.

3 사이다 컵에 건포도를 3~4개 넣고 건포도의 움직임을 관찰한다.

붉은 양배추는 천연 리트머스지!

산성과 염기성은 pH라는 '수소이온농도지수'로 나눌 수 있어요. 아무것도 섞이지 않은 순수한 물은 pH가 7인 중성입니다. pH가 7보다 작으면 산성, 크면 염기성으로 분류합니다. 우리가 맛이 시다고 느끼는 것은 거의 산성으로, 식초나 레몬은 pH가 2~3 정도이지요. 우유는 pH가 6.6~6.8 정도인 약산성이랍니다. 그렇다면 소다처럼 쓴맛이 나는 것은 산성일까요? 염기성일까요? 실험으로 직접 확인해 보세요.

대상연령 6세 이상   **소요시간** 50분

초등연계 과학 5-2 산과 염기

실험목표 산성과 염기성 이해 · 천연 지시약 만들기

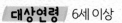 준비물을 확인해요~

공통재료
- [ ] 베이킹 소다
- [ ] 세탁세제
- [ ] 물
- [ ] 숟가락
- [ ] 투명 유리컵 6개

본 놀이
- [ ] 레몬즙
- [ ] 오렌지 주스
- [ ] 식혜
- [ ] 붉은 양배추
- [ ] 면포 또는 채망

연관놀이
- [ ] 거름종이
- [ ] 구연산
- [ ] 식초
- [ ] 나무젓가락
- [ ] 접착테이프
- [ ] 가위

 실험 전에 알아 두세요!

붉은 양배추에 들어 있는 '안토사이아닌'이라는 색소는 산성을 만나면 붉은색으로 변하고 염기성을 만나면 푸른색이나 노란색으로 변합니다. 이때 산성이 강할수록 더 붉게, 염기성이 강할수록 더 노랗게 변하지요. 이런 특징을 이용하면 붉은 양배추즙으로 산-염기 지시약을 만들 수 있습니다.

산성			pH		염기성	
0~2	3~4	5~7	8	9~12	13	14

안토사이아닌을 함유한 지시약의 색깔 변화

우리 주변의 액체들을 두 팀으로 나눠 보자!

78

1 붉은 양배추를 잘게 잘라 냄비에 담고 푹 잠기게 물을 부은 다음, 보라색 물이 우러나오도록 양배추를 푹 삶는다.

2 양배추 삶은 물이 식으면 면포에 걸러서 액체만 양배추 지시약으로 사용한다.

산과 염기를 확인할 재료는 5개지만, 아무것도 넣지 않을 때와 비교하기 위해 빈 그릇을 놓는다.

레몬즙 / 오렌지 주스 / 식혜 / 빈 그릇 / 베이킹 소다 / 세탁 세제

3 레몬즙, 오렌지 주스, 식혜, 베이킹 소다, 세탁 세제를 준비한다.

4 양배추 지시약을 6개의 유리컵에 같은 양으로 담는다.

레몬즙 / 오렌지 주스 / 식혜 / 양배추 지시약 / 베이킹 소다 / 세탁 세제

5 레몬즙, 오렌지 주스, 식혜, 베이킹 소다, 세탁세제를 양배추 지시약이 담긴 유리컵에 넣고 색의 변화를 관찰한다.

레몬즙, 오렌지 주스, 식혜는 산성, 베이킹 소다와 세탁세제는 염기성이다. 약한 산성이나 약한 염기성은 보라색에 가깝고, 산성이 강하면 빨강에, 염기성이 강하면 노랑에 가깝다.

연관 놀이 천연 리트머스지 만들기

거름종이 대신 키친타올이나 커피 필터를 사용할 수 있다.

1 거름종이를 2cm 너비로 길게 자른다.

빨리 말리려면 헤어 드라이어를 사용한다.

2 자른 거름종이를 양배추 지시약에 몇 분 담근 후, 건져서 말리면 천연 리트머스지가 만들어진다.

나무젓가락에 리트머스 종이를 붙여서 컵에 떨궈 놓는다.

3 완성된 리트머스 종이를 식초, 구연산 물, 베이킹 소다 물, 세제물 등에 담가서 색의 변화를 실험한다.

콜라 분수쇼

2002년 스팽글러라는 과학교사가 한 방송에 출연하여 10m나 솟구치는 콜라 분수를 선보였어요. 그 후로 다이어트 콜라에 멘토스를 넣는 실험이 세계적으로 인기를 끌었다고 해요. 사람들은 더 많은 콜라 분수를 동시에 보여주기 위해 경쟁적으로 도전했고, 2010년 중국 대학생들이 세운 2,175개의 콜라 분수가 마지막 기네스 기록이 되었답니다. 콜라와 사탕이 만나 만드는 멋진 분수쇼를 이제 시작해 볼까요?

대상연령 6세 이상   **소요시간** 10분

초등연계 과학 6-1 여러 가지 기체

실험목표 이산화 탄소의 특성 이해

 ## 준비물을 확인해요~

공통재료

☐ 다이어트 콜라 1.5L

☐ 멘토스

종이관을 이용할 경우

☐ 종이   ☐ 접착테이프

☐ 명함 또는 안 쓰는 카드

실로 꿸 경우

☐ 바늘   ☐ 실

 ## 실험 전에 알아 두세요!

탄산음료에 소금이나 설탕만 넣어도 거품이 납니다. 탄산음료에 녹아 있던 이산화 탄소가 빠져나오기 때문이지요. 그러나 다이어트 콜라와 멘토스의 조합에서 가장 격렬하게 반응합니다. 멘토스의 거칠거칠한 표면에 기체 방울이 달라붙기 쉬워서 이산화 탄소가 빠져나오는 속도가 빨라지기 때문입니다. 다이어트 콜라에 포함된 감미료 또한 이 반응이 잘 일어나도록 도와준다고 해요.

실험 TIP 콜라 거품이 수직으로 높이 솟구치므로 실내보다는 야외에서 실험하는 것이 더 좋습니다. 콜라에 멘토스를 넣은 다음 재빨리 뒤로 물러나야 옷이 젖지 않아요.

 콜라에 멘토스를 넣으면 엄청난 물기둥이 치솟는 분수를 만들 수 있어!

1 멘토스가 통과할 수 있는 크기로 종이를 둘둘 말아 붙여서 종이관을 만든다.

2 종이관 아래를 명함으로 막고 멘토스를 채운다.

3 콜라를 평평한 바닥에 놓고 뚜껑을 연 다음, 페트병 입구에 2를 올린다.

명함을 빼자마자 뒤로 물러나야 옷이 젖지 않는다.

4 명함을 재빨리 빼내어 멘토스가 한꺼번에 페트병으로 들어가도록 한다.

5 콜라 거품이 분수처럼 위로 솟아오른다.

멘토스 실로 꿰기

멘토스가 딱딱하여 구멍 뚫기가 어려우므로 굵은 바늘을 이용해야 한다.

1 바늘에 실을 꿴 다음, 바늘귀를 바닥에 고정한 상태에서 바늘에 멘토스를 끼운다.

2 계속하여 멘토스를 8~9개 정도 끼운다.

3 페트병 입구에 실에 꿴 멘토스를 걸쳐 놓았다가 빠트리면서 재빨리 물러난다.

병 속에 달걀을 넣고 빼고

유리병에 삶은 달걀을 올려놓고 달걀이 병 속으로 들어가는지 관찰해 보세요. 달걀은 끄떡도 하지 않을 것입니다. 달걀을 병 속으로 미는 힘이 없으니까요. 그런데 병을 촛불이나 뜨거운 물로 데우면 결과가 달라집니다. 병 속 공기의 온도 변화로 압력 차이가 생기면서 공기의 흐름이 만들어지니까요. 비행기를 탈 때 귀가 먹먹해지는 현상은 귀 안팎의 압력 차이 때문에 생긴 것이랍니다.

대상연령 5세 이상   **소요시간** 15분

초등연계 과학 6-1 여러 가지 기체 심화 · 6-2 연소와 소화

실험목표 온도와 압력에 따른 공기의 흐름 이해 · 소화의 조건 이해

 ### 준비물을 확인해요~

공통재료
☐ 라이터

본 놀이
☐ 삶은 달걀   ☐ 케이크용 초 2~3개
☐ 입구가 좁은 유리병
  * 삶은 달걀을 유리병 입구에 올렸을 때 빠지지 않는 유리병으로 준비해요.

연관놀이
☐ 풍선   ☐ 양초
☐ 물

82

 ### 실험 전에 알아 두세요!

촛불로 데워진 공기가 식으면 공기의 부피가 줄고 압력이 낮아집니다. 병 밖의 압력이 높기 때문에 대기압이 달걀을 밀어 넣게 됩니다. 압력을 이용하면 병 속의 달걀도 뺄 수 있어요. 유리병을 뒤집은 상태에서 유리병 입구에 바람을 불어넣으면, 병 속의 압력이 바깥보다 높아지면서 달걀이 빠져나옵니다.

연관놀이 물체가 타려면 '탈 물질, 산소, 발화점 이상의 온도'라는 세 가지 조건이 필요합니다. 그런데 물풍선 속의 물이 촛불의 열을 흡수하여 풍선의 발화점에 도달하지 않기 때문에 물풍선은 터지지 않지요.

 달궈졌던 병이 식으면 달걀을 날름 집어삼킨대~~ 오싹하지?

달걀의 뾰족한 부분이
아래로 향하게 한다.

삶은 달걀이 병의 입구를
다 막아야 한다.

1 삶은 달걀을 유리병 위에 올린다.

2 달걀에 케이크용 초를 2~3개를 꽂고 불을 붙인다.

3 불을 붙인 상태에서 초가 유리병 안으로 들어가도록 하여 달걀을 올린다.

4 유리병 속으로 달걀이 들어가는 모습을 관찰한다.

5 케이크용 초가 없으면 종이나 키친타올에 불을 붙여서 병 속에 넣은 다음, 달걀을 올리면 된다.

연관 놀이 ## 불에 타지 않는 풍선

과학 6-2 연소와 소화 · 연소의 조건 이해

풍선 입구를 수도꼭지에
끼우고 물을 틀면 쉽게
물을 넣을 수 있다.

1 풍선에 바람을 넣어 부풀린다.

2 풍선을 촛불에 갖다 대면 바로 풍선이 터진다.

3 풍선에 물을 넣고 묶어 준다.

4 촛불에 풍선 바닥이 닿게 하면, 그을림만 약간 생길 뿐 터지지 않는다.

오렌지야? 젤리야?

젤리는 달콤하고 먹는 재미까지 있어서 아이들이 좋아하는 간식거리 중 하나입니다. 과즙을 젤라틴이나 한천 같은 응고제로 굳혀서 주로 만드는데, 곰 모양의 쫀득쫀득한 젤리, 긴 튜브 형태로 얼려 먹는 젤리, 숟가락으로 떠먹는 젤리도 있고 곤약을 넣은 젤리까지 모양도 식감도 다양하지요. 당분과 첨가물이 잔뜩 들어간 시판 젤리보다는 건강하고 맛있는 젤리를 직접 만들어 보는 건 어떨까요?

대상연령 5세 이상   **소요시간** 3시간

초등연계 **과학** 3-1 물질의 성질 심화 · 3-2 물질의 상태 심화

실험목표 젤라틴의 특성 이해 · 물질의 상태 이해

 준비물을 확인해요~

공통 재료

☐ 오렌지   ☐ 설탕   ☐ 그릇
☐ 판젤라틴 또는 젤라틴 가루
☐ 숟가락   ☐ 냄비   ☐ 칼

본 놀이

☐ 채   ☐ 컵

연관놀이

☐ 과일주스(오렌지, 포도, 자몽 등
　색이 분명한 것)

 실험 전에 알아 두세요!

젤리는 액체와 고체의 중간 상태로, 고체처럼 모양이 있는데 단단하지 않은 젤(Gel) 상태입니다. 젤리와 함께 두부, 묵, 푸딩 등도 젤 상태의 물질이지요. 젤리의 주재료인 젤라틴은 동물의 가죽, 뼈, 연골, 힘줄 등을 고온으로 끓여서 단백질의 일종인 콜라겐 성분을 뽑아낸 다음 말려서 만듭니다. 젤라틴은 25도에서 녹고 10도에서 굳기 때문에, 젤라틴을 녹인 오렌지즙을 냉장고에 넣어 두면 젤리가 완성됩니다.

과즙에 젤라틴을 넣어서 맛있는 과일 젤리를 만들어 줄게!

판젤라틴의 무늬가 사라질 때까지 불린다.

1 판젤라틴을 물에 담가서 불려 준다.

2 오렌지를 껍질과 알맹이가 잘 분리되도록 여러 번 굴린 다음, 반으로 잘라서 속을 파낸다.

오렌지 껍질을 젤리 틀로 쓰니 찢어지지 않도록 한다.

3 오렌지 알맹이를 고운 채에 담고 숟가락으로 눌러서 즙만 모은다.

4 냄비에 오렌지즙 200mL, 판젤라틴 2~3장, 설탕 1~2T 넣고, 판젤라틴과 설탕이 녹을 정도로만 살짝 끓인다.

5 판젤라틴과 설탕을 녹인 오렌지즙을 오렌지 껍질 안에 부어 준다.

6 오렌지즙이 쏟아지지 않도록 컵 위에 올려서 냉장고에서 2~3시간 굳히면 오렌지 젤리가 완성된다.

연관 놀이 삼색 젤리 만들기

1 오렌지 윗부분만 살짝 자른 다음, 속을 다 파내어 오렌지 그릇을 만든다.

2 포도 주스 200mL에 판젤라틴 2~3장, 설탕 1T를 넣고 설탕이 녹을 정도로 살짝 끓인 다음, 오렌지 껍질에 1/3 정도 부어서 냉장고에서 1~2시간 굳힌다.

3 같은 방법으로 오렌지 주스, 자몽 주스를 한 층씩 쌓으면 삼색 젤리가 완성된다.

4장

화합물은
실험 대장

나도 버블버블쇼~

아이치고 비눗방울 놀이 안 좋아하는 아이 없지요. 버블쇼에서 비눗방울로 커다란 터널을 만들어 사람을 통과시키는 장면은 언제 봐도 신기한 장면입니다. 그런데 동네 문방구에서 파는 비눗방울 용액으로는 따라 하기가 어려워요. 하지만 집에서도 버블쇼처럼 크고 오래가는 비눗방울을 만들 수 있어요. 재료도 구하기 쉽답니다. 비눗방울 뜨개도 다양한 모양으로 만들어 보고, 훌라후프로 커다란 터널도 만들 수 있어요.

대상연령 5세 이상   **소요시간** 10분

초등연계 과학 3-1 물질의 성질 심화

실험목표 서로 다른 물질을 섞을 때 나타나는 변화 이해 · 물의 표면장력 이해

 ## 준비물을 확인해요~

비눗방울 용액

□ 주방세제   □ 물엿

□ 글리세린   □ 물

□ 큰 그릇

놀이별 준비물

놀이 제목 옆에서 확인할 수 있어요.

 ## 실험 전에 알아 두세요!

비눗방울 용액에는 우선 물의 표면장력을 줄여 주는 주방세제가 필요합니다. 여기에 수분 증발을 막기 위해 물엿과 글리세린을 넣으면 크고 오래가는 비눗방울이 만들어집니다. 어떤 뜨개를 사용하든 비눗방울이 동그란 이유는 공 모양이 공기와 만나는 면적을 줄이는 안정적인 상태이기 때문입니다.

실험 TIP 비눗방울은 건조한 날보다 습도가 높은 날에 더 오래갑니다. 비눗방울 용액 속의 물이 건조한 날에 더 빨리 증발하니까요.

 사각 모양의 뜨개로 불면 어떤 모양의 비눗방울이 나올까?

크고 오래가는 비눗방울 용액 만들기

1 큰 그릇에 물을 6컵 담는다.

2 주방세제 2컵, 물엿 1컵, 글리세린 1컵을 1의 물에 넣는다.

> 거품이 적어야 비눗방울이 잘 안 터진다.

3 거품이 많이 생기지 않도록 용액을 천천히 저어 준다.

4 하루 이틀 실온에 보관 후, 사용하기 몇 시간 전에 냉장고에 넣었다 사용하면 비눗방울이 더 오래간다.

모양 뜨개

☐ 빨대　　☐ 모루　　☐ 가위

1 빨대를 자르고 모루를 끼워서 세모, 네모 등 다양한 모양의 비눗방울 뜨개를 만든다.

2 네모 뜨개에서 어떤 모양의 비눗방울이 나올지 생각해 본 다음 비눗방울을 분다.

3 틀의 모양과 상관없이 비눗방울의 모양이 동그란 것을 세모 뜨개로도 관찰할 수 있다.

빨대 사각 뜨개

☐ 빨대　　☐ 끈

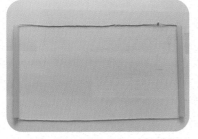

1 빨대 2개를 위와 같이 끈으로 연결하여 비눗방울 뜨개를 만든다.

2 뜨개를 양손으로 잡고 비눗방울 용액에 넣었다가 꺼내어 얇은 막이 생기면 입으로 바람을 분다.

3 뜨개를 흔들거나 바람을 이용하면 더 쉽게 만들 수 있다.

☐ 막대기 2개   ☐ 끈   ☐ 너트

바람을 등지고 뜨개를
올렸다 내렸다 하면
더 잘 만들어진다.

1 2개의 막대기 윗부분을 끈으로 묶어 연결한다.

2 또 다른 끈에 무게중심용 너트를 끼운 후 1의 끈에 연결하여 역삼각형이 되게 한다.

3 끈 부분만 비눗방울 용액에 넣었다가 꺼내어 뜨개를 움직이면서 대형 비눗방울을 만든다.

입체 비눗방울

☐ 빨대   ☐ 모루   ☐ 가위

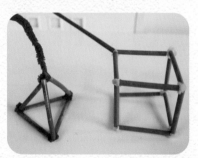

1 빨대를 같은 길이로 자르고 모루를 끼워서 삼각뿔, 정육면체 등 입체를 만든다.

2 삼각뿔에 비눗방울 용액을 묻혀서 입체 비눗방울을 여러 각도로 관찰한다.

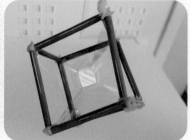

3 정육면체에 맺힌 입체 비눗방울도 여러 각도로 관찰한다.

비눗방울 안에 비눗방울

☐ 빨대 ☐ 아크릴판

1 빨대에 비눗방울 용액을 묻혀서 아크릴판 위에 대고 비눗방울을 만든다.

2 빨대에 비눗방울 용액을 다시 묻혀서 비눗방울 안에 집어넣고 바람을 불면 비눗방울이 이중으로 만들어진다.

3 같은 방법으로 삼중 비눗방울도 만들 수 있다.

거품뱀

☐ 500mL 페트병 ☐ 손수건 ☐ 고무줄 ☐ 칼

1 페트병을 반으로 잘라서 윗부분에 손수건을 덮고 고무줄로 고정한다.

2 손수건에 비눗방울 용액을 흠뻑 묻힌다.

3 페트병 입구에 입을 대고 바람을 불어 주면 거품뱀이 줄줄이 나온다.

비눗방울 터널 통과하기

☐ 놀이 매트 또는 미니 풀장 ☐ 훌라후프 ☐ 발 받침대

1 놀이 매트나 미니 풀장에 비눗방울 용액을 얕게 깐 다음, 훌라후프 안에 받침대를 놓고 아이가 올라간다.

2 훌라후프에 비눗방울 용액을 듬뿍 묻혀서 올려 주면, 커다란 비눗방울 터널이 만들어진다.

91

드라이아이스로 신나게 놀자!

드라이아이스는 냉동식품을 포장할 때 주로 쓰여요. 아이들이 좋아하는 베스킨라빈스 아이스크림도 드라이아이스를 넣어서 포장해 준답니다. 사용된 드라이아이스는 대개 쓸모가 없어서 버리게 되는데, 이제부터는 실험에 활용해 보세요! 이산화 탄소를 압축하고 냉각시켜 만들었기 때문에 이산화 탄소의 특징을 이용한 다양한 놀이를 할 수 있습니다.

대상연령 5세 이상   **소요시간** 5분

초등연계 과학 3-2 물질의 상태 심화 · 6-1 여러 가지 기체

실험목표 드라이아이스의 특성 이해 · 이산화 탄소의 특성 이해

 준비물을 확인해요~

공통재료

☐ 드라이아이스
  * 드라이아이스를 잘게 부술 때는 타올로 감싸고 망치로 부수면 됩니다.

☐ 따뜻한 물

☐ 면장갑
  * 드라이아이스를 손으로 직접 만지면 손에 동상을 입을 수 있으니 반드시 면장갑을 준비해 주세요.

놀이별 준비물

놀이 제목 옆에서 확인할 수 있어요.

 실험 전에 알아 두세요!

드라이아이스는 이산화 탄소를 고압, 저온 상태에서 만든 고체로 온도가 −78.5도로 매우 낮습니다. 실온에 두면 액체 단계를 거치지 않고 바로 기체가 됩니다. 이것을 '승화'라고 합니다. 실험에서는 드라이아이스를 따뜻한 물에 넣기 때문에 더 빨리 승화되어 이산화 탄소를 내뿜게 됩니다. 기체로 변하는 과정에 부피가 커지기 때문에 풍선을 불거나 로켓을 쏠 수 있고, 촛불 주위의 산소를 몰아내며 촛불을 끌 수도 있어요. 세제로 생긴 막 안을 이산화 탄소로 채워서 비눗방울을 만들거나 거품을 기둥처럼 만들 수도 있답니다.

> 드라이아이스는 흔적도 없이 사라져! 바로 이산화 탄소로 변하니까~

드라이아이스 간헐천

□ 음료수병(뚜껑 포함)　　□ 송곳　　□ 양초　　□ 라이터

1 음료수병 뚜껑에 구멍을 뚫어 준다.

드라이아이스 파편이 튀어 몸에 붙을 수 있으니 주의한다.

2 드라이아이스를 작게 조각낸다.

3 드라이아이스 조각을 음료수병에 넣고 따뜻한 물을 조금 붓는다.

4 병뚜껑을 재빨리 닫으면 하얀 김이 솟는 간헐천이 만들어진다.

5 촛불에 불을 붙이고 음료수병을 촛불에 가까이 가져간다.

6 촛불이 꺼지는 것을 확인할 수 있다.

 하얀 김은 대부분 작은 물방울이며 이산화 탄소가 일부 섞여 있는 것이다.

비닐봉지와 풍선 부풀리기

□ 비닐봉지　　□ 풍선

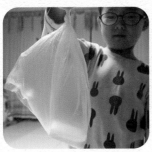

1 드라이아이스 조각을 비닐봉지에 넣고 따뜻한 물을 조금 부은 다음 입구를 재빨리 묶으면, 비닐봉지가 부풀어 오른다.

2 드라이아이스 조각을 풍선에 넣고 따뜻한 물을 조금 부은 다음 입구를 재빨리 묶으면, 풍선이 부풀어 오른다.

드라이아이스 로켓

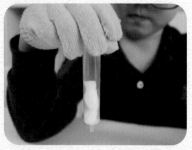

1 주사기의 밀대를 뺀 다음 드라이아이스 조각을 넣는다.

2 고무장갑을 낀 상태에서 손가락으로 주사기 구멍을 막는다.

이때 드라이아이스와 물이 밖으로 나오지 않게 조심한다.

3 따뜻한 물 약간을 재빨리 주사기에 넣는다.

4 주사기 밀대를 끼우고 세워 놓으면 주사기 구멍으로 하얀 기체가 나온다.

5 주사기 구멍을 손으로 막고 밀대가 위로 향하게 뒤집으면 주사기 밀대가 로켓처럼 발사된다.

드라이아이스 거품뱀

☐ 긴 물통　　　☐ 식용색소 또는 물감　　　☐ 주방세제

페트병을 사용할 경우 입구 부분을 잘라서 원통형으로 만든다.

1 긴 물통 여러 개를 넓은 쟁반 위에 놓는다.

2 물통에 절반 정도 따뜻한 물을 붓고 식용색소와 주방세제를 넣는다.

3 드라이아이스 조각을 넣으면 거품이 뱀처럼 물통 벽을 타고 나오는 모습을 관찰할 수 있다.

퐁퐁퐁 꼬마 비눗방울

□ 투명 플라스틱컵(뚜껑 포함)　　□ 세제물을 담을 작은 그릇　　□ 고무관
□ 접착테이프　　□ 식용색소 또는 물감　　□ 주방세제　　□ 수건

장난감 청진기나 빨대 컵의 고무관을 이용할 수 있다.

1 투명 플라스틱컵 뚜껑에 고무관을 끼우고 접착테이프로 틈새를 막아 준다.

2 따뜻한 물과 식용색소를 섞고, 드라이아이스를 넣는다.

3 고무관을 끼운 뚜껑을 닫으면 고무관으로 하얀 김이 나온다.

89p에서 만든 비눗방울 용액을 사용해도 된다.

4 고무관 끝을 주방세제를 푼 물에 잠시 담갔다 꺼내면, 꼬마 비눗방울이 만들어진다.

손으로 만지면 쉽게 터진다.

5 꼬마 비눗방울을 수건 위에 떨어뜨리거나 면장갑을 끼고 만지며 논다.

불룩한 왕 비눗방울

□ 넓고 둥근 그릇　　□ 세제물을 담을 작은 그릇　　□ 식용색소 또는 물감
□ 주방세제　　□ 털실 또는 손수건

1 넓고 둥근 그릇에 식용색소를 섞은 따뜻한 물을 담고, 드라이아이스를 넣는다.

89p에서 만든 비눗방울 용액을 사용해도 된다.

2 주방세제를 푼 물에 털실을 담가서 흠뻑 적셔 준다.

3 털실을 양손으로 잡고 그릇 위를 스치며 막을 만들어 주면, 커다란 비눗방울이 만들어진다.

저절로 가는 배

우드락을 잘라서 배를 만들고, 대야에 물을 받아 띄워 보세요. 물이 흐르지 않고, 바람도 불지 않고, 모터나 엔진 같은 동력이 없는데도 배가 움직일 수 있을까요? 제자리에 둥둥 떠서 조금 움직이긴 해도 배가 한 방향으로 나아가지 않는 것을 확인할 수 있습니다. 그런데 신기하게도 주방세제 한 방울이면 배를 움직일 수 있답니다. 우유, 식용유, 식초 등 다른 액체로도 배가 움직이는지 실험해 보세요.

대상연령 5세 이상 **소요시간** 10분

초등연계 과학 3-1 물질의 성질 심화

실험목표 물의 표면장력 이해

준비물을 확인해요~

공통재료

☐ 넓적한 그릇 ☐ 물 ☐ 주방세제

본놀이

☐ 우드락   ☐ 이쑤시개
☐ 색종이   ☐ 칼 ☐ 가위
☐ 스포이트 또는 물약병

연관놀이

☐ 후추   ☐ 진주핀 또는 실핀

＊ 진주핀 대신 이쑤시개를 사용하면 선이 굵어집니다.

실험 전에 알아 두세요!

주방세제에는 물의 표면장력을 약하게 하는 계면활성제가 들어 있습니다. 주방세제를 배의 뒷부분에 떨어뜨리면 뒷부분의 표면장력이 약해지면서, 표면장력이 강한 앞쪽으로 당겨져 배가 움직이게 되지요. 주방세제가 물에 다 녹아서 표면장력이 전체적으로 약해지면 배가 멈추므로, 배를 다시 움직이려면 물을 갈아 줘야 합니다.

연관놀이 후춧가루는 물에 섞이지 않고 뜹니다. 후춧가루로 뒤덮인 표면에 주방세제를 묻힌 핀으로 그림을 그리면, 주방세제가 닿은 부분의 표면장력이 약해집니다. 그 부분의 후춧가루가 물에 가라앉으면서 그림이 나타나지요.

세제를 한 방울 떨어트리면 세제가 없는 반대편으로 움직여~

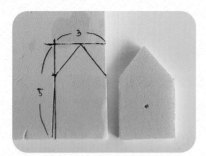

1 우드락으로 가로 3cm, 세로 5cm 크기의 오각형 보트를 만든다.

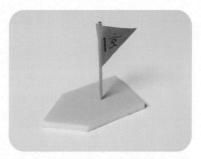

2 이쑤시개와 색종이로 깃발을 만들어 보트에 꽂는다.

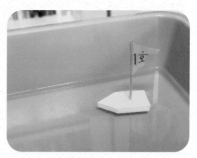

3 넓적한 그릇에 물을 담고 배를 띄운다.

4 배 뒷부분에 스포이트로 주방세제를 몇 방울 떨어뜨린다.

5 배가 앞으로 나아가는 것을 확인할 수 있다.

 이쑤시개 2개를 나란히 붙여서 물 위에 띄운 다음, 이쑤시개에 스포이트로 주방세제를 한 방울 떨어뜨리면 이쑤시개 사이가 벌어진다.

연관 놀이 ## 내가 그린 후춧가루 그림

아무것도 묻히지 않은 진주핀으로도 그려서 비교해 본다.

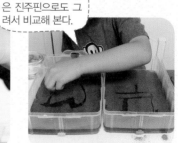

1 넓적한 그릇에 물을 담는다. 넓은 그릇이 없으면 여러 개를 사용해도 된다.

2 물 위에 후춧가루를 뿌리면 후 춧가루 도화지가 만들어진다.

3 진주핀 끝에 주방세제를 묻혀 준다.

4 후춧가루 도화지에 진주핀으로 그림이나 글자를 쓴다.

요소 크리스탈 트리

식물 뿌리에서 흡수된 물이 꽃과 잎까지 올라가는 것은 모세관 현상 때문입니다. 화장지 끝을 물컵에 살짝 담가 놓으면 물이 휴지를 따라 퍼져 나가는 것도 모세관 현상의 일종이지요. 바닷물을 염전에 모아 놓고 물을 증발시키면 소금 결정이 생기는 것은 결정화 현상입니다. 이 두 가지 현상을 이용하면 겨울이 아니어도 눈꽃이 소복이 내려앉은 나무를 만들 수 있습니다.

대상연령 6세 이상　**소요시간** 1일

초등연계 과학 5-1 용해와 용액 · 6-1 식물의 구조와 기능

실험목표 과포화 용액의 결정화 현상 관찰 · 모세관 현상 이해

준비물을 확인해요~

□ 박스 종이
* 골이 없는 박스나 골이 두껍지 않은 박스를 준비해 주세요. 골이 두꺼우면 물을 너무 많이 흡수하여 종이 나무가 흐물흐물해지면서 쓰러질 수 있습니다.

□ 수성 사인펜　□ 요소 비료
□ 주방세제　　□ 목공풀
□ 연필　　　　□ 가위
□ 그릇　　　　□ 물
□ 스포이트 또는 주사기

실험 전에 알아 두세요!

종이 나무 내부에는 작은 틈이 있는데, 그 틈이 모세관 역할을 합니다. 종이 나무를 요소 혼합액에 담가 놓으면 그 틈을 따라 혼합액이 올라가면서, 물은 증발하고 종이 위에 아주 작은 요소 입자가 남게 됩니다. 모세관 현상이 계속되면서 요소 결정은 점점 더 커지며 아름다운 나무 모양을 만들어 냅니다. 요소 용액만 있어도 결정이 만들어지지만, 주방세제를 추가하면 물의 표면장력을 줄임으로써 더 넓은 결정을 만들 수 있고, 목공풀을 추가하면 요소 결정이 나무에 잘 붙게 됩니다.

> 요소가 종이를 타고 움직이면서 아름다운 눈꽃을 피웠네!

요소 혼합액 분량을 고려하면 가로세로 12cm 정도 크기가 적당하다.

7의 요소 혼합액에 식용색소를 섞어도 된다.

1 박스 종이에 같은 크기의 나무를 2개 그려서 오려 준다.

2 나무 하나는 위에, 다른 하나는 아래쪽에 종이 두께만큼 홈을 만든다.

3 나무의 뾰족한 끝을 중심으로 수성 사인펜으로 색을 칠한다.

4 나무 단면의 홈을 맞추어 십자형으로 끼우면 입체 나무가 만들어진다.

5 요소 비료 6T에 뜨거운 물을 3T 넣고 잘 녹여서 요소 용액을 만든다.

6 다른 그릇에 주방세제 4T와 목공풀 1T를 넣고 잘 섞는다.

7 5와 6을 섞어서 요소 혼합액을 만든다.

스포이트나 주사기가 없으면 숟가락으로 뿌려도 된다.

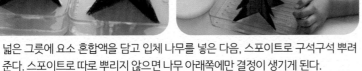

8 넓은 그릇에 요소 혼합액을 담고 입체 나무를 넣은 다음, 스포이트로 구석구석 뿌려 준다. 스포이트로 따로 뿌리지 않으면 나무 아래쪽에만 결정이 생기게 된다.

9 하루 정도 지나면 마법처럼 종이 나무에 아름다운 눈꽃이 생긴다.

한두 시간에 한 번씩 요소 혼합액을 나무 위에 뿌려 주면 더욱 풍성한 눈꽃이 만들어진다.

내 맘대로 꽃 색깔 바꾸기

꽃집에 가면 색색의 안개꽃을 볼 수 있습니다. 하얀 안개꽃, 파란 안개꽃, 초록 안개꽃도 있지요. 원래 유색 꽃이 피는 품종도 있지만, 하얀 안개꽃을 염료에 담가서 인공적으로 색을 들인 것이 많습니다. 물 올림을 한 것인데, 물이 식물 줄기의 관을 타고 올라가는 모세관 현상을 이용한 것입니다. 식용색소만 있으면 집에서도 내 맘대로 꽃 색깔을 바꿀 수 있어요. 줄기의 단면에서 관을 확인한 후 시작해 보세요!

대상연령 5세 이상   **소요시간** 2일

초등연계 과학 6-1 식물의 구조와 기능

실험목표 식물의 구조 이해 · 모세관 현상 이해

 ## 준비물을 확인해요~

본놀이

☐ 하얀 꽃   ☐ 유리병 2개

  * 하얀 꽃은 줄기가 두꺼운 것으로 준비하여, 실험 전후로 줄기의 단면을 확인하도록 합니다.

☐ 식용색소 2가지(빨간색, 파란색)

☐ 가위   ☐ 칼   ☐ 물

연관놀이

☐ 나뭇가지   ☐ 납작한 나무 조각

☐ 붓   ☐ 비눗방울 용액

 ## 실험 전에 알아 두세요!

이끼류나 녹조류를 제외한 모든 식물은 줄기 속에 우리 몸의 혈관처럼 물과 양분을 날라 주는 관들이 있습니다. 물관은 뿌리에서 흡수한 물과 미네랄의 이동 통로이고, 체관은 잎에서 만든 양분의 이동 통로입니다. 실험에서 색소를 탄 물에 줄기를 담그면 물관을 타고 꽃잎까지 색소 물이 올라가서 알록달록한 꽃으로 변한 것이지요. 실험이 끝난 후 줄기의 윗부분을 가로로 잘라 보면 색소가 이동한 길을 직접 관찰할 수 있어요. 색으로 물든 부분이 물관, 어느 색으로도 물들지 않은 부분이 체관이랍니다.

꽃잎은 어떻게 물을 마시는지 알아볼까?

잎사귀가 몇 장 남아 있어야 물 올림이 잘 일어난다.

1 꽃의 잎사귀를 2~3장 남기고 다듬는다.

2 줄기 아래부터 10~12cm 정도를 반으로 가른다.

색깔 차이가 크게 나는 색으로 준비한다.

3 유리병 2개에 물을 담고 빨간색과 파란색 식용색소를 진하게 탄다.

4 반으로 가른 줄기를 한 갈래씩 유리병에 담고 접착테이프로 고정한다.

5 꽃을 햇빛이 잘 드는 곳에 며칠 두면, 꽃잎의 색이 변한다.

 연관 놀이

물관을 확인하는 또 하나의 방법

1 나뭇가지 끝을 비눗방울 용액에 충분히 적신다.

2 비눗방울 용액이 묻지 않은 부분을 물고 세게 바람을 불면 거품이 나온다.

3 납작한 나무 조각의 한 면에 비눗방울 용액을 바른다.

4 나무 조각의 반대편을 불면 거품이 나온다.

블링블링 붕사 크리스탈 장식품

붕사는 유리나 유약, 구강세정액, 렌즈세척액에 쓰이는 원료입니다. 요즘엔 액체괴물이나 슬라임 놀이에 많이 쓰이지요. 피부가 예민한 경우 손으로 직접 만지면 화상을 주의해야 하지만, 결정이 아름다워서 장식품을 만들기 좋습니다. 특히 모루로 별, 하트 등 아이가 좋아하는 모양을 만들거나 아이 이름을 영문으로 만든다면 더욱 특별한 장식품이 되겠지요. 단, 결정이 완성되기까지 오래 걸리니 인내심이 필요해요!

대상연령 5세 이상 　 **소요시간** 1일

초등연계 과학 5-1 용해와 용액

실험목표 온도에 따른 용해도 차이 이해 · 붕사 과포화 용액을 이용한 공작 활동

 ## 준비물을 확인해요~

□ 붕사　　□ 모루　　□ 실
□ 꼬치막대
　　* 꼬치막대 대신 나무젓가락이나 연필 등 기다란 것을 사용할 수 있어요.
□ 나무젓가락
□ 숟가락
□ 투명한 컵 여러 개
□ 뜨거운 물

 ## 실험 전에 알아 두세요!

붕사 결정은 모루 가까이에 있는 붕사 입자들이 서로를 잡아당기며 모루에 달라붙어서 만들어집니다. 처음 만들어진 결정에 다른 붕사 입자들이 계속해서 달라붙으며 결정이 점점 커지게 되지요. 이때 중요한 것은 붕사 용액에 붕사가 최대한 많이 녹아 있어야 합니다. 붕사를 뜨거운 물에 녹여 포화 용액을 만든 뒤 식혀서 과포화 용액을 만들면 됩니다.

실험 TIP 완성된 크리스탈 결정은 크리스마스 트리 장식품으로도 활용할 수 있어요.

 가루를 예쁜 결정으로 만들고 싶으면 먼저 물에 가루를 녹여야 해.

준비한 컵에 들어갈 수 있는 크기로 만들어야 한다.

1 모루를 이용하여 별, 하트, 꽃, 토끼 등 다양한 모형을 만든다.

2 모루 모형에 실을 묶어서 꼬치막대에 매달아 준다. 이때 모루가 컵의 바닥에 닿지 않도록 실의 길이를 조정한다.

모루가 컵의 바닥이나 옆면에 닿지 않게 주의한다.

3 붕사 4T를 뜨거운 물 160mL에 완전히 녹인 다음 식히면 과포화 용액이 완성된다.

4 붕사 용액을 투명한 컵에 옮겨 담고 투명해질 때까지 둔다.

5 붕사 용액에 꼬치막대에 매단 모루 모형을 완전히 잠기도록 넣는다.

6 반나절 이상 경과 후 꺼내어 물기를 말려 주면, 반짝반짝 빛나는 크리스탈 결정이 완성된다.

7 글자 모형을 만들어서 크리스탈 이름도 만들 수 있다.

명반으로 만든 달걀 지오드

지오드(Geode)는 '지구의 모양'을 의미하는 그리스어에서 유래한 용어로, 돌멩이 안에 수정이나 오팔, 니켈 같은 다양한 광물의 결정이 붙어 있는 것을 말합니다. 실제 지오드는 둥근 구체보다 달걀 같은 타원체가 더 많다고 해요. 주변에서 실제 지오드를 보긴 어렵지만, 달걀 껍데기와 명반, 식용색소를 이용하면 보석처럼 영롱한 빛의 지오드를 만들 수 있어요!

대상연령 6세 이상   **소요시간** 2일

초등연계 과학 5-1 용해와 용액

실험목표 온도에 따른 용해도 차이 이해 · 명반 과포화 용액을 이용한 공작 활동

 준비물을 확인해요~

□ 날달걀   □ 식용색소
  * 날달걀에는 살모넬라균이 묻어 있을 수 있으니 날달걀을 만진 후에는 반드시 손을 깨끗이 씻어야 합니다.

□ 명반   □ 실핀
  * 명반은 '백반'이라고도 하며 약국에서 구할 수 있어요.

□ 가위   □ 목공풀
□ 붓   □ 따뜻한 물
□ 그릇   □ 냄비
□ 숟가락   □ 투명 플라스틱컵

 실험 전에 알아 두세요!

명반은 물의 온도가 높을수록 더 많은 양이 녹습니다. 따라서 명반으로 과포화 용액을 만들 때는 냄비에 물을 끓이면서 녹인 다음 식혀야 결정이 잘 만들어집니다. 달걀 껍데기 안쪽에 목공풀로 붙여 둔 명반은 씨앗 역할을 하는 것으로, 명반 결정이 계속 커질 수 있도록 합니다. 달걀 껍데기 안에 명반 용액을 담고 물을 증발시켜도 결정을 볼 수 있지만, 용액에 달걀 껍데기 전체를 담가야 껍데기까지 아름다운 색으로 물들일 수 있습니다.

실험 TIP 붕사, 소금, 설탕으로 달걀 지오드를 만들어, 결정이 어떻게 다른지 한번 비교해 보세요!

실제 지오드가 어떻게 생겼는지 먼저 볼까?

1 달걀 위아래를 실핀으로 구멍을 뚫는다. 구멍 하나는 달걀물이 나올 수 있게 가윗날을 대고 돌려서 크게 한다.

2 실핀 구멍에 바람을 세게 불어넣으면 반대편 구멍으로 달걀물이 모두 나온다.

3 달걀물이 나온 구멍에 가위를 넣고 반으로 자른 후, 깨끗이 씻어 말린다.

4 명반을 절구로 곱게 빻아서 달걀 껍데기에 접착이 잘되도록 한다.

5 달걀 껍데기 안쪽에 붓을 이용해 목공풀을 발라 준다.

6 목공풀이 마르기 전에 명반을 골고루 뿌린 다음 하룻밤 말린다.

물과 명반의 비율은 3 : 1로 하면 된다.

7 냄비에 물 450mL와 명반 150g을 넣고 끓여서 녹인 다음, 약 30분 식힌다.

8 명반 용액을 투명 플라스틱컵에 담고 식용색소를 섞는다.

숟가락으로 깊숙이 눌러 컵 바닥에 가라앉도록 한다.

9 달걀 껍데기를 명반 용액에 하루 정도 담근 후 꺼내어 말린다.

비타민C 대장을 찾아라!

십여 년 전, 뉴질랜드의 여중생들이 한 기업을 혼내 준 적이 있었습니다. 비타민 함량이 높다고 홍보에 열을 올리던 비타민 음료가 실은 비타민이 없다는 것을 여중생들이 실험으로 알게 되었거든요. 그즈음 우리나라에도 '비타'로 시작하는 비타민 음료가 많았는데, 상당수가 비타민이 없거나 함량 미달이었다고 합니다. 자주 마시는 음료에 비타민이 들어 있는지 확인하려면 이번 실험에서 방법을 알아보세요!

대상연령 5세 이상   **소요시간** 10분

초등연계 과학 5-2 산과 염기 심화

실험목표 아이오딘과 비타민C의 화학 반응 이해

 준비물을 확인해요~

공통 재료
- [ ] 아이오딘 용액(포비돈 요오드)
- [ ] 스포이트 또는 물약병   [ ] 물

본 놀이
- [ ] 비타민이 함유된 음료(비타민 음료, 사과 주스, 오렌지 주스, 매실 주스)
- [ ] 소주잔 4개   [ ] 녹말가루   [ ] 컵

연관놀이
- [ ] 유리병 2개   [ ] 비타민C 과립

 실험 전에 알아 두세요!

비타민C와 아이오딘 용액이 만나면 비타민C는 산화되고 아이오딘은 무색이 됩니다. 즉 비타민C를 함유한 음료에 아이오딘 용액을 넣으면, 아이오딘의 갈색은 사라지고 음료의 색소만 남게 되지요. 비타민 과립 제품을 실험에 사용하면 노랗게 변하는데, 흰색의 비타민에 노란 색소를 넣었기 때문입니다. 비타민C와 아이오딘의 화학 반응을 이용하면 우리가 자주 마시는 음료수에 비타민C가 들어 있는지 알아낼 수 있습니다. 단, 아이오딘 용액을 한꺼번에 많이 넣으면 변화를 확인할 수 없으니 한두 방울씩 추가해야 합니다.

> 우리가 마시는 비타민 음료수에 진짜 비타민C가 들었는지 확인해 볼까?

1 비타민이 함유된 음료와 소주잔을 준비한다.

2 소주잔에 음료를 각각 20mL씩 담는다. 이때 물약병이나 해열제 계량컵을 이용하여 계량하면 된다.

3 물 100mL에 녹말을 2T 넣고 섞어서 녹말물을 만든다.

4 음료에 녹말물을 5mL씩 넣고 섞는다.

5 녹말물을 넣은 음료에 스포이트로 아이오딘 용액을 한 방울(1mL)씩 넣다가 음료의 색이 변하면 멈춘다. 각 음료가 몇 방울째에 색이 변했는지 비교한다.

 아이오딘 용액이 들어간 양에 따라 비타민C 함유량을 비교할 수 있다. 위 실험에서는 비타민 음료(18mL) > 사과 주스(2mL) > 오렌지 주스(2mL) > 매실 주스(1mL) 순으로 아이오딘 용액이 들어갔다.

연관 놀이 비타민이 아이오딘을 만났을 때

1 유리병 2개에 물을 담고 스포이트로 아이오딘 용액을 2mL씩 넣는다.

2 유리병 하나에만 비타민C 과립을 넣는다.

3 색깔 변화를 관찰한다. 아이오딘 용액을 더 넣어도 비타민C를 넣은 유리병은 다시 갈색으로 변하지 않는다.

나타났다 사라졌다, 밀가루 편지

어느 집이나 비상약으로 빨간약 하나쯤은 있습니다. 대개 '포비돈 요오드'라는 이름으로 나오는데, 요오드의 정식 명칭은 아이오딘입니다. 상처를 소독할 때 주로 쓰이지요. 빨간약이 상처 부위의 곰팡이나 바이러스를 죽일 수 있는 이유는 아이오딘 성분 때문입니다. 아이오딘이 녹말이나 비타민C를 만나 산화하는 과정에 색이 변하는 것을 이용하면, 밀가루 비밀 편지를 쓸 수 있답니다.

대상연령 6세 이상   **소요시간** 20분

초등연계 과학 3-1 물질의 성질 심화

실험목표 서로 다른 물질을 섞을 때 나타나는 변화 이해 · 아이오딘의 특성 이해

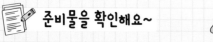 **준비물을 확인해요~**

공통재료
☐ 종이

본 놀이
☐ 밀가루
☐ 아이오딘 용액(포비돈 요오드)
☐ 비타민제 또는 레몬즙
☐ 물   ☐ 그릇   ☐ 면봉

연관놀이
☐ 우유   ☐ 붓   ☐ 양초

 실험 전에 알아 두세요!

밀가루 속의 녹말은 아이오딘 용액과 만나 청남색으로 변하고, 비타민제 안의 비타민C 성분이 산화되면서 아이오딘을 환원시켜 무색이 됩니다. 이런 화학반응으로 밀가루 물로 써 놓은 글씨가 청남색이 되었다가 다시 하얀색으로 변하여 비밀편지가 만들어지는 것입니다. 비타민C와 아이오딘이 만날 때 일어나는 현상을 '산화와 환원'이라고 합니다.

연관놀이 우유 속의 젖당 성분은 열을 받으면 산화되면서 갈색으로 변하기 때문에 숨어 있던 글씨가 나타난답니다.

아이오딘에 딱 걸린 녹말을 비타민이 다시 숨겨 주네?

아직 한글을 익히지 않은 유아는 그림을 그려도 된다.

그릇에 담긴 아이오딘 용액과 색을 비교해 본다.

1 물 50mL에 밀가루 1T를 넣고 잘 풀어 준다.

2 잘 섞인 밀가루 물을 면봉에 묻혀 종이 위에 편지를 쓴 다음 말린다.

3 면봉에 아이오딘 용액을 묻혀 글씨 자국에 문지르면, 밀가루 글씨가 짙은 청남색으로 변한다.

4 물에 비타민제를 녹인다.

5 비타민제 녹인 물을 다시 글씨에 문지르면 글씨 색이 변한다.

식물이 빛을 받아 광합성을 하면 녹말이 만들어진다. 밥상 위의 밥과 반찬 중 어떤 음식에 녹말이 들어 있는지 확인하려면, 아이오딘 용액을 떨어트려서 색이 청남색으로 변하는지 확인하면 된다.

연관 놀이 **우유로 쓴 비밀편지**

종이를 촛불 위에 오래 대고 있으면 불이 붙을 수 있으니 종이를 움직이면서 그을려야 한다.

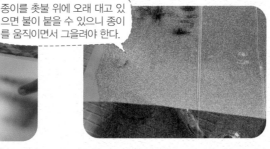

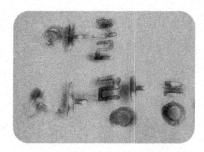

1 붓에 우유를 충분히 묻히고 편지를 쓴다. 그림을 그려도 좋다.

2 촛불에 종이를 대고 글자를 따라 움직이며 그을린다.

3 우유로 써놓은 편지가 갈색으로 변하는 것을 확인할 수 있다.

5장

풍선과 종이의
변신은 무죄

나비가 균형을 잡는 이유

무게중심이 사물의 정중앙에 있다고 생각하기 쉽습니다. 모양이 가로세로 대칭이고 높이도 균등하다면 거의 맞는 말이지요. 일회용 접시를 검지에 올려서 무게중심을 확인해 보세요. 그런데 지우개 달린 연필은 무게중심이 어디에 있을까요? 직접 손에 올려 보면 지우개 쪽으로 치우친 것을 확인할 수 있습니다. 무거운 쪽으로 무게중심이 쏠리는 것을 이용하면 나비를 연필 위에 앉힐 수 있어요.

대상연령 5세 이상   **소요시간** 5분

초등연계 과학 4-1 물체의 무게

실험목표 무게중심의 원리 이해 · 무게중심을 이용하여 수평 잡기

준비물을 확인해요~

□ 나비 도안
  * 나비 도안은 https://goo.gl/
    GP5aMU(대소문자 구분)에서
    다운로드하여 출력해 주세요.

□ 이쑤시개
□ 클립 또는 10원짜리 동전
□ 색연필
□ 접착테이프
□ 연필 또는 나뭇가지
□ 가위

실험 전에 알아 두세요!

물체의 어떤 곳을 매달거나 받쳤을 때, 기울어지지 않고 수평을 이루는 점이 무게중심입니다. 양쪽의 무게가 같아지는 점보다는 양쪽이 균형을 이루는 점으로 이해하는 게 쉽고 더 정확합니다. 나비를 손가락이나 연필 끝에 올릴 수 있었던 이유는 클립을 날개 앞부분에 끼웠기 때문입니다. 받침점보다 무게중심이 아래로 쏠리면서 균형을 잘 이루게 되었지요.

실험 TIP 클립을 날개 중간쯤 끼우면 균형이 잘 안 잡혀요. 앞부분에 클립을 두 개씩 끼워 보면 이쑤시개 끝을 받침점으로 나비를 올릴 수 있답니다.

나비의 위치를 옮겨 가면서 나비를 손가락 끝에 앉혀 보자!

1 나비 도안에 색연필로 자유롭게 색칠을 한다.

2 색칠한 나비를 가위로 오려 준다.

이쑤시개만 붙인 상태에서 받침점에 손가락을 올려서 균형을 잡아 본다.

10원짜리 동전을 붙일 때는 위치 조정이 어려우니 대칭이 되게 잘 맞춰 붙이도록 한다.

받침점

3 나비 뒷면 가운데에 이쑤시개를 붙인다. 이때 더듬이 사이로 이쑤시개가 조금 나오게 한다.

4 나비 날개 앞부분에 클립을 하나씩 끼워 준다.

5 클립을 끼운 나비를 손가락 위에 올려서 균형을 잡아 본다.

6 연필이나 나뭇가지에도 나비를 올려 본다.

가장 힘이 센 모양을 찾아라!

옛말에 '백지장도 맞들면 낫다.'는 말이 있습니다. 아무리 쉬운 일이라도 협력하면 더 쉽게 할 수 있다는 뜻으로 협동의 중요성을 강조한 속담이지요. 북한에도 '개미 천 마리면 맷돌을 굴린다.'는 비슷한 속담이 있습니다. 또, 우리나라 전통 한옥을 보면 엄청난 무게의 기왓장을 어떻게 버티고 있는지 신기하기만 합니다. 이런 궁금증을 해결할 간단한 실험을 한번 해 볼까요?

대상연령 5세 이상　　**소요시간** 15분

초등연계 과학 4-1 물체의 무게 심화

실험목표 무게의 분산 이해

 준비물을 확인해요~

공통재료

☐ 4절 머메이드지
* 일반 종이는 너무 얇으니 도화지같이 두꺼운 종이로 준비하세요.

본 놀이

☐ 크기와 무게가 비슷한 책 여러 권
☐ 접착테이프

연관놀이

☐ 고무줄　　☐ 접시 여러 개
☐ 유리컵 여러 개

 실험 전에 알아 두세요!

실험 결과 삼각기둥은 7권, 사각기둥은 8권, 원기둥에 16권의 책을 올렸습니다. 크기와 모양, 재질이 똑같은 종이로 만들었는데 왜 원기둥이 가장 힘이 셀까요? 실험의 숨은 원리는 무게 분산에 있습니다. 종이로 만든 삼각기둥, 사각기둥, 원기둥 위에 책을 올려놓으면, 책의 무게가 대부분 꼭짓점으로 집중되기 때문에 꼭짓점의 수만큼 책의 무게를 나눠 가지게 됩니다. 삼각기둥과 사각기둥의 꼭짓점이 각각 3개와 4개이기 때문에 사각기둥이 더 많은 책을 올릴 수 있지요. 원기둥의 꼭짓점은 셀 수 없이 많으니 가장 많은 책을 올릴 수 있는 것입니다.

여럿이 짐을 들면 무게가 분산되어 가벼워지는 것과 같아~

1 4절 머메이드지를 삼등분한 크기로 종이 3장을 준비한다.

2 삼각기둥, 사각기둥, 원기둥을 만든다.

기둥이 무너질 때까지 올려 본다.

3 삼각기둥 위에 책을 한 권씩 올려놓으며 몇 권까지 올라가는지 확인한다.

4 사각기둥 위에 책을 한 권씩 올려놓으며 몇 권까지 올라가는지 확인한다.

5 원기둥 위에 책을 한 권씩 올려놓으며 몇 권까지 올라가는지 확인한다.

연관 놀이 원기둥 위에 유리컵 쌓기

일회용 접시와 종이컵으로 여러 단 쌓는 게임을 해도 좋다.

1 종이를 길게 말고 고무줄로 고정하여 원기둥을 만든다.

2 원기둥 위에 접시를 놓고 그 위에 물이 담긴 유리컵을 올려놓는다.

3 한 단 더 접시를 놓고 유리컵을 올려놓는다.

종이 다리라고 무시하지 마세요!

서양의 고대 건축물이나 우리나라 고궁, 석굴암에 공통된 구조가 있습니다. 바로 반원 모양의 아치형입니다. 아치형은 위에서 누르는 힘이 반원의 호를 따라 골고루 분산되기 때문에 큰 무게도 지탱할 수 있습니다. 우리 몸의 발바닥도 아치형으로 되어 있어서 무거운 몸의 무게를 견딜 수 있답니다. 클립 몇 개만 버티던 종이가 어떻게 책의 무게를 견딜 수 있는지 살펴볼까요?

대상연령 5세 이상   **소요시간** 10분

초등연계 과학 4-1 물체의 무게 심화

실험목표 무게의 분산 이해 · 종이 위에 물건을 올리는 방법 비교

 준비물을 확인해요~

본놀이

☐ A4 용지 여러 장
☐ 클립
☐ 병뚜껑
☐ 동화책 여러 권
☐ 블록 2개

연관놀이

☐ 종이컵 20개
☐ 판형이 큰 동화책

 실험 전에 알아 두세요!

얇은 종이 한 장을 평평히 놓고 물건을 올려놓으면 오래 버티지 못하고 무너집니다. 하지만 종이를 아치형으로 만들거나 부채 모양으로 접으면 더 큰 무게를 지탱할 수 있습니다. 원리는 무게의 분산에 있습니다. 종이를 많이 접을수록 종이를 휘어지기 어렵게 하는 점이 많아지면서 물건의 무게가 그만큼 분산되기 때문입니다. 손으로 쉽게 구길 수 있는 종이컵 위에 사람이 올라갈 수 있는 것도 무게를 분산했기 때문입니다.

얇은 종이 한 장이라도
많이 접어 주면 힘이 세져~

아치형 종이에 클립을 바로 올려놓으면 미끄러지므로 병뚜껑을 이용한다.

1 블록 2개를 약간 띄워 놓고 종이와 병뚜껑을 얹은 다음, 클립을 하나씩 올려놓는다.

2 종이가 무너질 때까지 클립을 계속 추가하여 클립 몇 개까지 올라가는지 실험한다.

3 종이를 아치형으로 놓고 병뚜껑을 올린 다음, 클립을 올려놓는다.

4 종이가 무너질 때까지 클립을 계속 추가하여 클립 몇 개까지 올라가는지 실험한다.

5 종이를 부채 접듯이 접어서 동화책을 올려놓고 종이의 힘을 실험해 본다.

연관 놀이 종이컵 다리의 힘

동생과 함께 올라가거나 엄마 아빠도 올라가 본다.

종이컵을 어떻게 놓아야 할지 아이가 생각해서 직접 놓아도 좋다.

1 종이컵 20개를 바닥에 깔아 준다.

2 종이컵 위에 큼직한 동화책을 올려놓고 그 위에 올라간다.

3 종이컵의 수를 9개, 6개, 4개로 점차 줄이며 실험한다.

저절로 피는 종이꽃

꽃이 피는 시기는 모두 달라요. 매화처럼 눈 속에서 피는 꽃이 있는가 하면, 개나리나 진달래는 잎이 나오기 전에 꽃부터 피어납니다. 새벽에 활짝 피었다가 금세 꽃잎을 닫는 나팔꽃도 있고, 반대로 저녁에 피었다가 아침에 시드는 달맞이꽃도 있답니다. 그런데 계절도, 시간도 관계없이 피는 꽃이 있어요! 물 위에서 피는 종이꽃이랍니다.

대상연령 5세 이상　　**소요시간** 10분

초등연계 과학 6-1 식물의 구조와 기능

실험목표 식물의 모세관 현상 이해 · 종이꽃의 변화 관찰

📝 준비물을 확인해요~

공통재료
☐ 물

본 놀이
☐ 색종이　　☐ 연필　　☐ 가위
☐ 넓은 그릇

연관놀이
☐ 나무젓가락 3개
☐ 스포이트 또는 물약병
☐ 식용색소 또는 물감　　☐ 쟁반

🧪 실험 전에 알아 두세요!

식물의 뿌리에서 잎 구석구석까지 물이 퍼져 들어갈 수 있는 이유 중 하나는 모세관 현상입니다. 육안으로는 확인할 수 없지만, 종이를 확대해 보면 셀룰로스 섬유가 복잡하게 뒤엉켜 있어요. 종이꽃을 물에 띄우면, 종이의 셀룰로스에 있는 틈이 모세관으로 작용하면서 물이 흡수됩니다. 물을 흡수하면 부피가 팽창하기 때문에 접힌 부분이 펼쳐지는 것입니다. 색종이, 신문지, 광고지, 한지 등 종이의 재질에 따라 셀룰로스 구조가 다르기 때문에 꽃이 피는 속도도 다르답니다. 직접 확인해 보세요!

 물 위에 연꽃이 피는 것처럼 종이꽃을 피워 볼까?

책으로 꽃의 구조, 꽃잎의 모양, 크기, 꽃잎 개수 등을 알아보고 다양하게 준비한다.

1 색종이에 꽃을 그린 후 가위로 오린다.

2 꽃잎이 중심을 향하도록 한 장씩 차례대로 접는다.

3 넓은 그릇에 물을 담는다.

4 물 위에 종이꽃들을 띄운다.

5 종이꽃이 물에 닿으면 꽃잎들이 천천히 펼쳐지는 모습을 관찰할 수 있다.

연관 놀이 ## 쟁반 위에 뜬 별

반으로 자른다는 느낌이 아니라 접는다는 느낌으로 한다.

1 나무젓가락 3개를 가르고 반으로 살짝 부러뜨려서 쟁반 위에 'ㅊ'자 모양으로 놓는다.

2 식용색소를 탄 물을 스포이트로 나무젓가락 중앙에 떨어뜨린다.

3 나무젓가락이 물을 흡수하면 부러진 부분이 펴지면서 별 모양이 나타난다.

뱅글뱅글 도는 종이뱀

온돌은 2천여 년의 역사를 지닌 우리나라 고유의 난방 방식입니다. 아궁이에서 불을 피우면 방바닥이 따뜻해집니다. 방바닥의 따뜻한 공기가 위로 올라가고 위쪽의 차가운 공기가 아래로 내려오는 대류현상을 반복하면서 방 안 전체를 따뜻하게 하는 과학적인 방식이지요. 방 안에 난로를 피워 놓을 때도 마찬가지 원리로 방 전체가 따뜻해집니다. 공기가 데워질 때의 변화를 종이뱀의 움직임으로 직접 확인해 볼까요?

대상연령 5세 이상 　**소요시간** 20분

초등연계 과학 5-1 온도와 열

실험목표 대류현상 이해·공기의 특성 이해

준비물을 확인해요~

본 놀이
- ☐ 종이
- ☐ 크레파스 또는 색연필
- ☐ 미니 양초
- ☐ 꼬치막대 또는 빨대
- ☐ 가위
- ☐ 바늘　☐ 라이터
- ☐ 클레이
- ☐ 접착테이프

연관놀이
- ☐ 풍선　☐ 풍선 펌프
- ☐ 1.5~2.0L 페트병
  * 페트병은 얇은 재질로 준비합니다.
- ☐ 넓은 그릇　☐ 뜨거운 물　☐ 얼음

실험 전에 알아 두세요!

양초에 불을 붙이면 촛불 위의 공기가 따뜻해지면서 부피가 팽창합니다. 팽창한 공기가 밀도가 작아지면서 위로 올라갈 때, 종이뱀을 거쳐 가기 때문에 종이뱀이 뱅글뱅글 도는 것입니다. 이렇게 따뜻한 공기는 위로 올라가고, 차가운 공기는 아래로 내려오는 현상을 '대류현상'이라고 하는데, 바람이 부는 원리도 같습니다.

연관놀이 페트병을 뜨거운 물에 넣으면 페트병 속 공기가 팽창하면서 풍선이 부풀고, 얼음물 속에 넣으면 공기가 수축하면서 풍선도 쪼그라듭니다.

따뜻한 공기가 올라가면 종이뱀이 뱅글뱅글 춤을 춘대!

1 종이를 가로세로 13cm 정사각형으로 자른 다음, 뱅글뱅글 나선을 그린다.

2 크레파스로 색을 칠한 후, 선을 따라 오려서 종이뱀을 만든다.

3 꼬치막대를 바닥에 세우고 클레이로 고정한다.

4 클레이 주변으로 미니 양초를 놓는다.

바늘로 종이뱀을 뚫지 않도록 주의한다.

5 꼬치막대 끝에 접착테이프로 바늘을 붙인 다음, 바늘 끝에 종이뱀을 올려놓는다.

뱀 꼬리가 촛불에 너무 가까우면 종이가 탈 수 있으니 길이를 조절해 준다.

6 양초에 불을 붙이고 종이뱀이 뱅글뱅글 돌아가는 것을 관찰한다.

연관 놀이 **뚱뚱한 공기, 날씬한 공기**

과학 5-1 온도와 열 · 온도에 따른 기체의 변화 이해

페트병을 냉동실에 1시간 정도 넣었다가 사용하면 온도 차이가 커져서 실험이 잘된다.

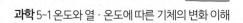

1 풍선을 여러 번 불어서 풍선 고무가 부드러워지게 한다.

2 풍선을 페트병 안으로 끼운다.

3 페트병을 뜨거운 물에 넣으면 풍선이 부풀어 오른다.

4 페트병을 얼음물로 옮겨 넣으면 풍선이 작아진다.

뜨거운 물이 담긴 그릇에 넣을 때는 페트병 몸통에 뜨거운 물을, 얼음물 그릇에 넣을 때는 얼음물을 끼얹어 주면 풍선이 더 빨리 팽창 · 축소한다.

풍선을 돛으로 달고 출발~

작용과 반작용의 원칙을 가장 쉽게, 가장 먼저 배울 수 있는 도구는 바로 풍선입니다. 풍선을 크게 불었다 놓을 때 풍선 입구 반대편으로 날아가는데, 풍선이 공기를 밀어내는 힘과 같은 크기의 힘으로 공기도 풍선을 밀기 때문입니다. 풍선 자동차, 풍선 배, 풍선 로켓, 풍선 바람개비 등 풍선을 동력으로 움직이는 장난감을 만들어 직접 확인해 볼 수 있어요.

대상연령 5세 이상   **소요시간** 15분

초등연계 과학 6-2 에너지와 생활 심화

실험목표 작용과 반작용 이해

 준비물을 확인해요~

본놀이

□ 풍선   □ 우유갑
□ 빨대   □ 가위
□ 송곳   □ 절연테이프 또는 고무줄
□ 미니 수영장 또는 대야

연관놀이

□ 풍선   □ CD   □ 글루건
□ 어린이 음료수 병뚜껑

　* 어린이 음료수 중 병뚜껑을 잡아당기고 눌러서 입구를 여닫는 것으로 준비해 주세요.

 실험 전에 알아 두세요!

풍선과 연결된 빨대의 구멍을 막고 있다가 손을 떼면, 풍선 안에 있던 공기가 빠져나오면서 추진력을 얻으며 움직이게 됩니다. 이때 움직이는 방향은 공기가 나오는 방향과 반대로 작용과 반작용의 원리를 따릅니다.

연관놀이 풍선 호버크래프트는 풍선에서 나오는 공기의 반작용으로 살짝 떠서 움직입니다. 실제 호버크래프트(다른 말로는 공기부양선)도 배 밑으로 공기를 뿜으며 살짝 뜬 채 움직이기 때문에, 수면과의 마찰력이 줄어들어서 빠르게 움직입니다.

작용과 반작용은 반대로! 풍선은 바람이 빠지는 방향과 반대로 움직여~

위로부터 2/3 지점 정도에 뚫으면 된다.

1 우유갑의 한 면을 오려 낸다.

2 우유갑 바닥에 송곳으로 구멍을 뚫는다.

3 빨대 끝에 풍선을 끼우고 절연테이프로 붙여 준다.

작은 대야보다는 욕조나 커다란 수영장을 이용하면 더 멀리 전진한다.

4 풍선 달린 빨대를 2의 구멍에 끼우고, 빨대를 불어서 풍선에 바람을 넣는다.

5 바람이 빠지지 않도록 빨대 끝을 손으로 꽉 잡고 풍선 배를 물에 띄운다.

6 잡고 있던 빨대를 놓으면 풍선 배가 앞으로 움직인다.

연관 놀이 ## 바퀴 없이 붕붕~ 호버크래프트

병뚜껑 입구를 눌러서 구멍을 막으면 바람이 새지 않는다.

둘 이상이 번갈아 호버크래프트를 밀면서 놀면 더 재미있다.

1 어린이 음료수 병뚜껑에 글루건을 바른 후, CD 구멍에 고정한다.

2 풍선에 바람을 가득 넣은 다음, 병뚜껑에 끼우면 호버크래프트가 완성된다.

3 매끄러운 곳에 놓고 병뚜껑 입구를 잡아당기고 살짝 밀면 풍선 바람이 빠지면서 호버크래프트가 움직인다.

들숨 날숨 폐 모형 만들기

폐는 산소를 혈액에 공급하고 이산화 탄소를 몸 밖으로 배출하는 기관으로, 우리 몸에서 가장 중요한 기관 중 하나입니다. 그런데 폐는 근육이 없어서 스스로 운동하지 못해요. 갈비뼈와 횡격막이 움직이면서 호흡을 한답니다. 갈비뼈에 손을 얹고 숨을 크게 들이마셔 보세요. 갈비뼈가 위로 올라가는 게 느껴집니다. 이때 횡격막이 아래로 내려가면서 가슴 안쪽의 공간이 커지고, 외부의 공기가 폐로 들어가는 것입니다.

대상연령 6세 이상   **소요시간** 15분

초등연계 과학 6-2 우리 몸의 구조와 기능

실험목표 호흡 운동의 원리 · 호흡 기관의 구조와 기능

 준비물을 확인해요~

□ 투명 플라스틱컵
□ 주름빨대 2개
□ 고무풍선 1개
□ 물풍선 2개
　* 물풍선 용도의 작은 풍선으로
　　준비합니다.
□ 송곳　　　　　□ 접착테이프
□ 고무찰흙　　　□ 가위

 실험 전에 알아 두세요!

폐 모형에서 물풍선은 폐, 빨대는 기관과 기관지, 플라스틱컵은 흉강(가슴 안쪽의 공간), 플라스틱컵에 씌운 고무풍선은 횡격막에 해당합니다. 공기는 압력이 높은 곳에서 낮은 곳으로 이동하기 때문에, 고무풍선을 아래로 당기면 압력이 낮아지면서 물풍선이 커지고, 고무풍선을 위로 밀어 올리면 압력이 높아지면서 물풍선이 작아집니다. 숨을 들이마시고 내쉬는 것도 이와 같습니다.

> 풍선을 아래로 잡아당길 때 빨대에 매달린 물풍선이 커지는지 확인해 봐~

송곳으로 구멍을 낸 후 가 윗날을 꽂아서 돌리면 쉽 게 구멍을 늘릴 수 있다.

1 투명 플라스틱컵의 바닥 중앙에 빨대 2 개가 들어갈 정도로 구멍을 뚫는다.

2 주름빨대를 접은 상태에서 주름 양옆 의 길이가 같게 잘라서 2개 준비한다.

3 빨대를 나란히 놓고 주름 윗부분을 테 이프로 붙여서 '人'자 모양을 만든다.

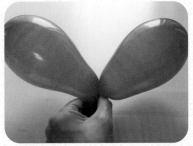

4 물풍선을 여러 번 불어서 고무가 늘어 나게 한다.

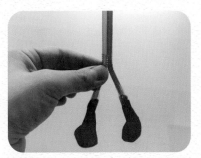

5 빨대 양쪽 끝에 물풍선을 끼우고 접착 테이프로 단단히 감는다.

6 플라스틱컵에 '人'자 빨대를 끼운 다음 틈새를 고무찰흙으로 막는다.

7 고무풍선의 입구를 자른 다음 플라스 틱컵에 씌운다.

8 고무풍선 주위를 접착테이프로 감아서 풍선이 벗겨지지 않도록 한다.

9 고무풍선을 아래로 잡아당기면 물풍선 이 커지고, 위로 밀어 올리면 물풍선이 작아진다.

종이 로켓을 쏘는 방법

과학놀이에서 빠지지 않는 것이 로켓 놀이입니다. 풍선, 페트병, 빨대, 발포 비타민 등 다양한 발사체와 동력을 이용하여 로켓을 발사하지요. 만드는 방법은 다양하지만, 로켓이 날아가는 것은 모두 작용과 반작용의 법칙을 따르고 있습니다. 이번엔 종이로 로켓을 만들고, 빨대로 공기를 불어서 발사해 볼까요? 로켓으로 목표물을 맞히거나 누가 더 멀리 날리는지 게임을 해도 재밌답니다.

대상연령 5세 이상　**소요시간** 15분

초등연계 과학 6-2 에너지와 생활 심화

실험목표 로켓의 원리 이해 · 작용과 반작용 이해

 준비물을 확인해요~

공통 재료

☐ 종이　　☐ 가위

☐ 그리기 도구(색연필, 사인펜 등)

☐ 굵은 빨대　☐ 접착테이프

본 놀이

☐ 가는 빨대　☐ 어린이 음료수병(뚜껑 포함)

☐ 고무찰흙　☐ 모양 스티커

 실험 전에 알아 두세요!

종이로 만든 로켓이지만 페트병을 힘껏 눌러 주면 빠른 속도로 날아갑니다. 단, 여기에 조건이 하나 있습니다. 굵은 빨대로 바람이 들어갈 때 공기가 그대로 통과해 버리지 않도록 빨대 끝을 단단히 막아 주어야 합니다. 공기가 로켓을 밀어 올리면서 로켓이 발사되기 때문이지요.

연관놀이 원통 모양의 종이 로켓을 길이, 크기, 모양을 다르게 하여 결과를 비교하고 원인을 생각해 봐도 좋아요!

 빨대로 종이 로켓을 날려서 바구니에 넣는 게임을 해 볼까?

1 종이에 10~12cm 정도의 작은 로켓 그림을 그려서 모양대로 오린다.

2 굵은 빨대를 로켓보다 2~3cm 길게 잘라서 한쪽 끝을 접착테이프로 밀봉한다.

3 빨대를 로켓 그림 뒤에 붙인다. 이때 접착테이프로 막은 부분이 위로 향하게 한다.

병뚜껑의 구멍과 빨대 구멍을 맞춰야 한다.

4 어린이 음료수 병뚜껑에 고무찰흙으로 가는 빨대를 붙여서 발사대를 만든다.

5 발사대에 3의 로켓을 끼운다.

6 페트병에 발사대를 채우고 두 손으로 힘껏 누르면 로켓이 발사된다.

연관 놀이 입으로 로켓 발사!

1 A4 용지를 18조각으로 구분하고 간단한 그림을 그린 다음, 조각별로 자른다.

2 그림 조각을 연필에 말고 끝을 접어서 접착테이프로 밀봉한다.

3 종이 로켓을 빨대에 끼우면 종이 로켓이 완성된다.

한 번에 여러 개를 날려도 재밌다.

4 빨대를 물고 힘껏 바람을 불어서 종이 로켓을 발사시킨다.

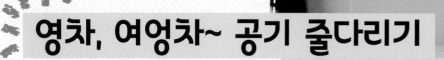

영차, 여엉차~ 공기 줄다리기

공기는 압력이 높은 곳에서 낮은 곳으로 흐릅니다. 풍선을 불면서 몸의 변화를 자세히 느껴 보세요. 숨을 들이마시며 공기를 몸속에 모았다가, 숨을 내쉬면서 가슴 안쪽의 공간을 줄이며 압력을 높여야 몸속의 공기가 풍선으로 들어갑니다. 큰 풍선과 작은 풍선이 서로 연결되어 있다면, 공기는 어느 방향으로 흐를까요? 풍선 크기의 변화를 보며 확인해 볼까요?

대상연령 6세 이상　　**소요시간** 10분

초등연계 과학 6-1 여러 가지 기체 심화

실험목표 압력 차이에 의한 공기의 흐름 이해

 준비물을 확인해요~

공통 재료
□ 풍선　　　□ 실

본 놀이
□ 가는 고무관
□ 풍선 펌프　□ 집게

연관놀이
□ 바늘 또는 핀
□ 막대기

 실험 전에 알아 두세요!

큰 풍선의 공기가 작은 풍선으로 이동한다고 생각할 수 있는데, 실제로는 반대의 결과가 나옵니다. 왜일까요? 풍선의 부피가 팽창하면 단위면적당 압력이 낮아지므로, 큰 풍선이 작은 풍선에 비해 압력이 낮습니다. 공기는 압력이 높은 곳에서 낮은 곳으로 흐르는 특성이 있기 때문에, 작은 풍선의 공기가 큰 풍선으로 향하게 됩니다.

연관놀이 공기는 무게가 없다고 착각하기 쉽지만, 풍선을 이용하면 공기의 무게를 알 수 있습니다. 풍선의 탄성으로 압축되어 들어간 공기가 바깥 공기보다 무겁기 때문입니다. 비닐봉지로는 공기의 무게를 관찰하기 어렵답니다.

큰 풍선과 작은 풍선 중 어느 풍선의 공기가 움직일지 생각해 보자!

1 풍선을 크게 분다.

2 풍선 입구를 고무관에 연결하고 실로 잘 묶는다.

3 풍선에서 공기가 나가지 않도록 고무관 중간을 집게로 막아 놓는다.

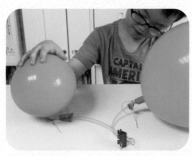

4 풍선을 1보다 작게 불어서 고무관 반대편에 연결한다.

집게를 빼기 전에 어느 풍선 쪽으로 공기가 움직일지 예측해 본다.

5 중간에 있는 집게를 빼고 풍선에 어떤 변화가 있는지 관찰한다.

연관 놀이 **공기도 무게가 있다고요?**

과학 3-2 물질의 상태 · 공기의 무게 이해

1 풍선 두 개를 같은 크기로 분다.

2 풍선 입구에 실을 묶어 막대기 양쪽에 걸고 중심을 잡는다.

3 풍선 하나를 바늘로 찌른다. 이때 풍선 입구를 찔러서 공기가 천천히 나오도록 한다.

4 풍선에서 바람이 빠지면 막대기가 기우는 것을 확인할 수 있다.

팡팡! 공기총을 쏴라!

사람은 음식을 안 먹고 50일 정도 버티고, 물을 안 마시면 5일을 버틸 수 있다고 합니다. 그럼 공기가 없으면 얼마나 버틸 수 있을까요? 5분밖에 못 버틴다고 해요. 눈에 안 보여서 공기의 중요성을 잊고 살지만, 사람은 공기가 없으면 살 수 없습니다. 그럼 공기는 힘이 있을까요? 공기는 가벼우니 힘도 없다고 생각하기 쉽지요. 공기의 힘이 얼마나 센지 실험으로 확인해 볼까요?

대상연령 4세 이상   **소요시간** 10분

초등연계 과학 6-1 여러 가지 기체

실험목표 공기의 부피와 힘 이해 · 공기의 힘을 경험하기

준비물을 확인해요~

공통 재료
- □ 칼
- □ 가위
- □ 풍선
- □ 종이컵 여러 개

본 놀이
- □ 양초
- □ 500mL 페트병
- □ 클레이
- □ 절연테이프

연관놀이
- □ 종이상자
- □ 접착테이프
- □ 리본끈

실험 전에 알아 두세요!

눈에 보이지 않는 공기라도 공기가 모이면 힘이 세지기 때문에 공기총 놀이가 가능합니다. 풍선을 잡아당기면 공간이 넓어지면서 그만큼 공기총 속 공기의 양도 늘어납니다. 잡아당겼던 풍선을 놓으면 공간이 순간적으로 줄어들게 되면서 공기가 강한 압력을 받게 됩니다. 그렇게 밀려 나온 공기는 종이컵 탑을 쓰러뜨릴 수 있을 만큼의 힘을 가지게 됩니다.

실험 TIP 공기총과 공기 대포의 입구가 작아야 공기의 힘을 더 오래 사용할 수 있어요.

입으로 촛불을 꺼 보면 공기를 확인할 수 있어!

1 페트병 바닥을 칼로 자른다.

2 풍선 입구를 가위로 자른다.

3 입구를 잘라낸 풍선을 페트병에 씌우고, 풍선이 벗겨지지 않도록 절연테이프를 붙여 준다.

4 종이컵을 탑 모양으로 쌓는다.

5 페트병 입구를 종이컵으로 향하게 한 후, 풍선을 잡아당겨서 종이컵 탑을 쓰러트린다.

클레이를 이용하면 초를 쉽게 세울 수 있다.

6 마찬가지로 양초를 세워 놓고 공기총으로 촛불을 끈다.

연관 놀이 공기 대포

구멍이 너무 크지 않게 만든다.

1 큰 종이상자 앞부분에 공기가 나오는 구멍을 뚫는다.

2 바람이 새지 않도록 상자 틈새를 접착테이프로 꼼꼼히 막아서 공기 대포를 만든다.

종이컵을 높게 쌓아 놓고 쓰러트리면 더욱 재미있다.

3 구멍을 앞으로 하고 박스 양옆의 중앙을 손바닥으로 세게 쳐서 종이컵 탑을 쓰러트린다.

4 풍선에 리본끈을 묶어 천장에 매달고 3과 마찬가지로 공기 대포를 쏴서 움직이도록 한다.

6장

생활용품아,
실험을 부탁해

만화경 속의 아름다운 세상

1800년대 초, 영국 물리학자 부르스터는 원통 속에 여러 색의 유리 조각을 넣고 직사각형의 유리판을 세모나게 넣어서 만화경을 만들었습니다. 만화경 구멍을 통해 들여다보면, 거울의 반사가 대칭으로 만들어 낸 신비롭고 아름다운 형상을 볼 수 있습니다. 집에 있는 장난감, 구슬이나 단추도 비춰 보고, 야외에 나가 꽃이나 나무, 곤충을 비춰 보세요. 상상력을 키워 주는 훌륭한 장난감이 될 수 있습니다.

대상연령 6세 이상 **소요시간** 20분

초등연계 과학 4-2 그림자와 거울

실험목표 거울과 빛의 반사 관계 이해 · 거울지로 만화경 만들기

준비물을 확인해요~

□ 거울지
  * 거울지의 모서리에 손을 베일 수 있으니 주의합니다.

□ 원통형 과자 용기

□ 기름종이 또는 종이호일

□ 위생랩

□ 셀로판지

□ 가위

□ 접착테이프

실험 전에 알아 두세요!

거울은 물체를 일직선으로 반사하는 성질이 있습니다. 거울 앞에 서면 거울에 단 하나의 허상만 만들어지지요. 그런데 거울 2개를 수직으로 붙여 놓고 보면 3개의 허상이 만들어지고, 60도 각도로 붙여서 보면 5개의 허상이 보입니다. 실험 전에 직접 확인해 보세요! 이런 원리로 만화경에서 거울 3개를 붙여 놓으면 삼각형의 꼭짓점마다 5개의 허상을 만들고, 허상들이 다시 또 반사하면서 수많은 허상을 만들어 낸답니다.

실험 TIP 거울지를 자르는 규격은 국내에서 유통되는 프링글스(지름 6.5cm)를 기준으로 했어요. 다른 용기를 사용한다면, 가로는 반지름×1.7, 세로는 용기의 길이로 잘라 주세요.

만화경 안에 수없이 많은 상이 만들어지는 이유는 거울이 빛을 반사하기 때문이야!

1 거울지를 잘라서 가로 5.5cm, 세로 20cm 크기의 직사각형 3장을 준비한다.

거울지 사이에 1mm 정도 간격이 있어야 쉽게 만들 수 있다.

2 직사각형 거울지를 투명한 접착테이프로 연결하여 삼각기둥을 만든다.

3 거울지 삼각기둥으로 장난감이나 구슬, 꽃, 나무 등을 비춰 보며 어떤 무늬가 만들어지는지 관찰한다.

4 원통형 용기 바닥에 구멍을 뚫는다.

5 삼각기둥을 과자 용기 안에 넣는다.

6 용기 입구에 위생랩을 씌우고 고무줄로 고정한다.

7 과자 용기 뚜껑에 기름종이를 붙인다

8 셀로판지를 잘게 잘라서 뚜껑 위에 놓고 과자 용기를 닫으면 만화경이 완성된다.

9 만화경의 뚜껑이 밝은 곳을 향한 상태에서 4의 구멍을 들여다본다.

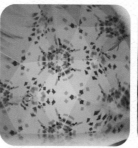

10 만화경을 흔들어 가며 만화경 안에 어떤 무늬가 생기는지 관찰해 본다.

세 가지 빛이 모이면?

원색은 모든 색의 기본이 되는 색입니다. 원색을 비율을 달리하여 섞으면 모든 색을 만들 수 있지만, 어떤 색을 섞어도 원색을 만들 수는 없습니다. 색의 삼원색은 빨강, 노랑, 파랑이고[*], 빛의 삼원색은 빨강, 초록, 파랑입니다. 빨강, 노랑, 파랑 물감을 같은 비율로 섞으면 검은색이 만들어지는데, 빛의 삼원색을 섞으면 어떤 색의 빛이 만들어질까요?

대상연령 5세 이상   **소요시간** 10분

초등연계 과학 4-2 그림자와 거울 심화

실험목표 빛의 삼원색 이해 · 빛의 혼합 이해

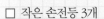 **준비물을 확인해요~**

□ 작은 손전등 3개
□ 셀로판지(빨강, 초록, 파랑)
□ 고무줄
□ 흰 종이
□ 작은 크기의 인형 또는 장난감

_____
[*] 실제는 빨강 대신 Magenta, 파랑 대신 Cyan

 실험 전에 알아 두세요!

빨간빛과 초록빛이 만나 노란빛이, 파란빛과 초록빛이 만나 청록(Cyan)빛이, 빨간빛과 파란빛이 만나 자홍(Magenta) 빛이 만들어집니다. 빛의 삼원색이 모두 모이면 신기하게도 하얀색이 만들어집니다.
빛이 불투명한 장애물을 만나면 물체를 통과하지 못하고 검은색 그림자가 생깁니다. 그런데 두 가지 또는 세 가지 색깔의 빛을 동시에 비추면 빛의 수만큼 색깔 있는 그림자가 생긴답니다. 손전등의 색과 위치를 바꿀 때마다 통과하는 빛이 달라지고 빛의 혼합도 달라지면서 그림자 색도 달라집니다.

 색은 섞을수록 어두워지고, 빛은 섞을수록 밝아지고!

색의 간섭이 없도록 벽면과 책상도 하얗게 하여 실험하도록 한다.

1 손전등의 렌즈 부분에 빨간 셀로판지를 2겹으로 대고 고무줄로 고정한다.

2 나머지 2개의 손전등도 마찬가지로 초록색과 파란색 셀로판지를 붙인다.

3 흰 종이에 손전등 2개를 조금씩 겹치면서 색의 변화를 관찰한다.

4 손전등 3개를 서로 조금씩 겹쳐지게 모아서, 세 가지 빛이 모이면 무슨 색이 되는지 관찰한다.

5 종이 앞에 작은 장난감을 올려놓고 손전등을 하나씩 비추며 그림자 색깔을 관찰한다.

6 손전등 2개를 동시에 비추면서 그림자 색깔을 관찰한다.

7 손전등을 장난감의 왼쪽, 가운데, 오른쪽에서 비추면서 그림자 색깔을 관찰한다.

 빨간빛과 초록빛을 동시에 비추면 빨간빛이 나가는 방향은 빨간빛이 장난감을 통과하지 못하기 때문에 초록 그림자가 생기고, 초록빛이 나가는 방향은 빨간 그림자가 생긴다.

그림자 인형극

손으로 다양한 동물이나 사물의 그림자를 만드는 그림자놀이는 예로부터 전해 내려오는 전통 놀이입니다. 더 놀고 싶다며 잠자리에 들기를 싫어하거나 어둠이 무서워 잠들지 못하는 아이들에게 정말 좋지요. 손으로 만든 그림자를 맞추며 놀다 보면 사고력과 상상력 발달에도 도움이 된답니다. 상자로 그림자 극장을 만들고, 종이로 인형을 오려서 그림자 인형극도 한번 해 볼까요?

대상연령 4세 이상   **소요시간** 10분

초등연계 과학 4-2 그림자와 거울

실험목표 빛과 그림자의 관계 이해 · 그림자 크기를 바꾸는 방법 이해

 준비물을 확인해요~

공통 재료
- [ ] 셀로판지   □ 나무젓가락
- [ ] 손전등
  - * 손전등이 없으면 스마트폰의 손전등 기능을 이용해도 됩니다.

본놀이
- [ ] 큰 종이
  - * 빛이 잘 통과할 수 있도록 얇은 모조지나 한지로 준비해 주세요.
- [ ] 종이상자   □ 검은색 종이

 실험 전에 알아 두세요!

그림자의 특징을 이용하면 그림자놀이를 재밌게 할 수 있어요. 첫째, 공기 중에서 곧게 나아가던 빛이 물체를 만나면서 빛이 도달하지 못하는 곳에 그림자가 생깁니다. 손전등과 스크린 사이에 구멍 뚫린 종이를 놓으면 구멍이 뚫린 부분에는 그림자가 없지만, 나머지는 그림자가 생기지요. 둘째, 그림자의 크기는 물체와 빛의 거리에 따라 달라집니다. 물체가 손전등에 가까울수록 그림자가 크고 멀수록 그림자는 작아집니다. 셋째, 셀로판지를 이용하면 색깔 그림자도 만들 수 있어요.

 직진하던 빛은 불투명 물체를 만나서 그림자를 남기지!

1 종이상자의 위아래에 구멍을 뚫어서 네모난 틀만 남겨 둔다.

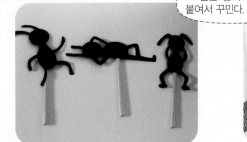

2 검은 종이에 인형극의 등장인물을 그린 다음 오려서 나무젓가락에 붙인다.

해, 구름, 산 등 배경도 검은 종이로 오려 붙여서 꾸민다.

3 종이상자 틀의 한 면에 큰 종이를 붙여서 그림자 인형극 무대를 만든다.

무대 반대편에서 인형극을 감상한다.

4 배경으로 붙인 종이를 향해 손전등을 비춘 상태에서 그림자 인형을 움직이며 인형극을 한다.

5 셀로판지를 이용하면 색깔 그림자로 인형극을 할 수 있다.

 마땅한 이야기가 떠오르지 않으면 아이가 평소 좋아하는 동화책을 활용한다. 처음에는 줄거리를 그대로 따라서 하다가 익숙해지면 줄거리를 각색하면 된다. 그림자 인형을 만들기가 어렵다면 동화책 위에 기름종이를 놓고 따라 그리면 쉽다.

 그림자를 잡아라!

1 셀로판지를 코팅하여 다양한 모양으로 오린다.

2 나무젓가락에 붙이고 벽을 향해 손전등으로 비추어 그림자를 잡으며 논다.

139

3D 홀로그램 프로젝터

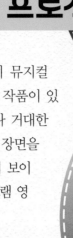

인기 캐릭터가 주인공인 어린이 뮤지컬 중에서 홀로그램 기술을 접목한 작품이 있었습니다. 하늘을 나는 장면이나 거대한 생물체 등 무대에서 보기 어려운 장면을 홀로그램으로 표현했지요. 눈에 보이는데 손에는 잡히지 않는 홀로그램 영상을 집에서도 볼 수 있어요!

| **대상연령** 6세 이상 | **소요시간** 20분 | **초등연계** 과학 4-2 그림자와 거울 심화 | **실험목표** 3D 홀로그램을 이용한 빛의 반사 이해 |

📝 준비물을 확인해요~

☐ 홀로그램 도안   ☐ 스마트폰
  * 홀로그램 도안은 https://goo.gl/ftWtVT
    (대소문자 구분)에서 다운로드하여 출력
    해 주세요.

☐ OHP 필름   ☐ 가위
☐ 투명한 접착테이프   ☐ 집게

🧪 실험 전에 알아 두세요!

홀로그램 프로젝터를 통해 나온 영상은 분명 생생하게 보이는데, 막상 손으로 만지려고 하면 만져지지 않습니다. 스마트폰의 2차원 영상이 투명막에 반사되면서 만들어진 허상이기 때문입니다. 특히 삼각뿔 모양의 프로젝터를 이용했기 때문에 한쪽 면에서뿐만 아니라 어느 방향에서 보더라도 영상을 볼 수 있습니다.

도안은 2가지 크기이니 스마트폰 크기에 따라 선택한다.

1 홀로그램 도안을 OHP 필름 아래에 집게로 고정한 다음, 검은 외곽선대로 잘라 준다.

2 빨간 모서리는 칼로 살짝만 그어서 잘 접히도록 한다.

3 모서리를 모아서 끝을 투명 접착테이프로 붙이면 홀로그램 프로젝터가 완성된다.

유튜브에서 'Hologram project by kiste'를 검색하여 홀로그램 영상을 재생한다.

4 홀로그램 동영상이 나오는 스마트폰 위에 홀로그램 프로젝터를 올려놓고 3D 홀로그램을 감상한다.

140

물방울 돋보기

가까운 곳의 물체를 크게 보여 주는 돋보기안경은 렌즈 가운데가 가장자리보다 두꺼운 볼록 렌즈를 사용합니다. 물방울도 볼록 렌즈처럼 가운데가 볼록하게 올라오는데 생김새만 비슷한 것이 아니랍니다. 물방울로 돋보기를 만들어 확인해 볼까요?

대상연령 6세 이상	**소요시간** 15분	**초등연계** 과학 6-1 빛과 렌즈	**실험목표** 빛의 굴절 이해

 준비물을 확인해요~

□ 종이   □ 위생랩   □ 양면테이프
  * 코팅기가 없으면 잡지 표지처럼 코팅된 종이를 준비해요.
□ 물   □ 가위
□ 스포이트 또는 물약병
□ 동화책 또는 광고지

 실험 전에 알아 두세요!

물은 표면적을 줄이려는 표면장력이 있기 때문에, 물방울을 떨어트리면 퍼지지 않고 가운데가 볼록하게 올라옵니다. 직진하던 빛이 볼록 렌즈를 만나면 굴절하면서 사물을 크게 보여 주는 것처럼, 빛이 비닐 위의 물방울을 만날 때도 글씨가 크게 보이게 되는 것입니다.

가운데 렌즈 역할을 할 구멍도 뚫어 준다.

1 종이를 손잡이 있는 돋보기 모양과 손잡이 없는 돋보기 모양으로 코팅하여 오린다.

2 손잡이 없는 부분에 양면테이프를 붙이고 투명한 비닐을 팽팽하게 붙인다.

3 비닐 뒷면에 손잡이 있는 부분을 붙여서 돋보기를 완성한다.

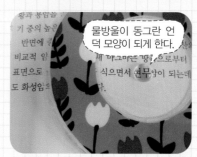

물방울이 동그란 언덕 모양이 되게 한다.

4 동화책이나 광고지 위에 돋보기를 올려놓고 비닐 위에 물을 몇 방울 떨어트리면 글씨가 더 크게 보인다.

필름통이 날아올라~

발포 비타민은 물에 녹여 먹기 때문에 탄산음료처럼 청량감 있고 비타민 흡수도 더 잘되도록 만들어진 비타민입니다. 발포 비타민을 물에 넣으면 보글거리며 기포가 나오는데, 비타민과 함께 들어간 구연산과 탄산수소 나트륨이 물을 만나 이산화 탄소 기체가 발생하기 때문입니다. 이런 화학반응을 이용하면 로켓을 발사할 수도 있답니다!

대상연령 6세 이상　　**소요시간** 15분

초등연계 과학 3-1 물질의 성질 심화 · 6-2 에너지와 생활 심화

실험목표 발포 비타민의 특성 이해 · 작용과 반작용 이해

준비물을 확인해요~

공통 재료
- [ ] 발포 비타민　　　 [ ] 물
- [ ] 뚜껑 있는 필름통
- [ ] 고무찰흙

본놀이
- [ ] 색종이　　　　　 [ ] 가위
- [ ] 접착테이프

연관놀이
- [ ] 유성매직

실험 전에 알아 두세요!

필름통이 날아오르는 이유는 두 가지입니다. 첫째, 발포 비타민의 화학 반응 때문입니다. 발포 비타민이 물과 만나면 이산화 탄소를 만들어 냅니다. 이산화 탄소로 필름통 내부의 압력이 커지면서 필름통 뚜껑이 열리게 되는 것입니다. 두 번째 이유는 작용과 반작용 때문입니다. 기포와 물이 아래로 빠져나오는 작용에 대한 반작용으로 필름통이 반대방향으로 발사되는 것입니다.

실험 TIP 필름통 뚜껑을 제대로 닫지 않으면 이산화 탄소가 밖으로 새어 나와서 로켓 발사에 실패할 수 있어요.

발포 비타민이 좁은 필름통 안에 있기가 답답했나 봐~ 폭발했어!

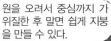
원을 오려서 중심까지 가위질한 후 말면 쉽게 지붕을 만들 수 있다.

1 필름통에 색종이를 붙여 꾸며 준다.

2 필름통 입구를 바닥에 놓고 색종이로 지붕과 양 날개를 만들어서 붙인다.

3 필름통 뚜껑 안쪽에 고무찰흙과 반으로 자른 발포 비타민을 올려서 단단히 붙여 준다.

로켓이 발사되기까지 10~20초 정도 걸린다.

4 필름통을 뒤집어 물을 반쯤 붓고 발포 비타민이 물에 닿지 않도록 주의하며 3의 뚜껑을 잘 닫아 준다.

5 평평한 곳에 로켓을 놓고 뒤로 물러나면 '뻥' 소리가 나며 로켓이 발사된다.

연관 놀이 · 필름통 유령 놀이

1 필름통을 뒤집어 놓고 유성매직으로 유령 그림을 그린다.

2 필름통 로켓과 마찬가지로 필름통에 물을 붓고 뚜껑에는 발포 비타민을 붙인다.

3 필름통 뚜껑을 닫아 평평한 곳에 놓으면 몇 초 후 필름통 유령이 날아간다.

양초에 유리병을 덮으면?

불이 붙거나 계속 타려면 '탈 물질, 산소, 발화점 이상의 온도'가 필요합니다. 촛불을 입으로 불면 탈 물질(양초 기체)이 날아 가고, 물을 뿌리면 온도가 발화점 아래로 떨어져 불이 꺼집니다. 유리병으로 덮어도 꺼지는데, 그건 무엇 때문일까요?

대상연령 6세 이상	소요시간 15분	초등연계 과학 5-2 날씨와 우리 생활 6-2 연소와 소화	실험목표 압력에 따른 공기의 운동 이해 소화의 조건 이해

 준비물을 확인해요~

- □ 양초 3개
- □ 접시
- □ 라이터
- □ 물
- □ 가늘고 긴 유리병
- □ 식용색소 또는 물감
- □ 고무줄

 실험 전에 알아 두세요!

양초에 불을 붙인 다음 유리병으로 덮으면 촛불의 크기가 서서히 작아지다가 이내 꺼집니다. 초가 타면서 이산화 탄소가 생겼기 때문입니다. 촛불이 타는 과정에서 병 안의 공기 일부가 빠져나갔다가 촛불이 꺼지면서 식으면 병 안의 압력이 줄어들어 유리병 안으로 물이 빨려 들어갑니다. 액체와 기체는 압력이 높은 곳에서 낮은 곳으로 흐른답니다.

> 식용색소를 섞으면 물의 이동을 관찰하기 좋다.

1 접시에 촛농을 조금 떨어트려 초를 세우고, 식용색소를 탄물을 붓는다.

2 초에 불을 켠 상태에서 유리병을 뒤집어 덮으면 초가 서서히 꺼진다.

> 유리병이 가늘고 길수록 물이 올라가는 것이 잘 보인다.

3 초가 꺼지면 물이 유리병 안으로 빨려 들어간다.

4 양초의 수를 늘려 가면서 고무줄로 물의 높이를 비교하여 관찰한다.

물을 부어도 꺼지지 않는 양초

볼리비아의 우유니 사막에서 찍은 사진을 보면 하나같이 기상천외합니다. 손바닥 위에 친구를 올려놓거나 작은 페트병 위에 사람이 올라서기도 합니다. 거인이 나타난 걸까요? 실제와 다르게 보이는 '착시'를 이용한 것입니다. 착시로 마술 같은 실험도 할 수 있어요~

대상연령 6세 이상	**소요시간** 15분	**초등연계** 과학 4-2 그림자와 거울 심화	**실험목표** 착시현상 이해

준비물을 확인해요~

- ☐ 양초
- ☐ 클레이
- ☐ 유리판
- ☐ 라이터
- ☐ 물
- ☐ 투명 유리컵
- ☐ 알루미늄 병뚜껑

실험 전에 알아 두세요!

물을 부어도 촛불이 꺼지지 않고 잘 타는 이유는 착시현상 때문입니다. 실제로는 양초에 물을 부은 것이 아니라 빈 유리컵에 물을 부었으니까요. 하지만 유리판에 물컵이 비치기 때문에 우리 눈에 양초가 컵 안에 있는 것으로 보이면서, 양초에 직접 물을 붓는 것처럼 착시가 일어나는 것입니다.

1 클레이를 이용하여 유리판을 세운다.

> 알루미늄 병뚜껑에 초농을 떨어트려서 양초를 고정하면 실험하기 좋다.

2 유리판 앞에 유리컵을 놓고 유리판 뒤로 양초를 놓는다. 이때 양초와 유리컵이 일직선이어야 한다.

3 유리컵에 천천히 물을 부으면, 양초가 물을 부어도 꺼지지 않는 것처럼 착시가 일어난다.

145

있을 건 다 있는 페트병 손전등

집에 있는 휴대용 손전등을 한번 꺼내어 내외부의 구조를 살펴보세요. 손전등 몸체와 전구, 건전지, 전선과 스위치 등으로 구성된 것을 확인할 수 있습니다. 이번 실험에서 만드는 손전등은 페트병을 몸체로, 클립을 스위치로 했어요. 모양은 조금 허술해 보여도 실제 손전등과 같은 구조입니다. 페트병 외부를 아이가 직접 그린 그림을 붙이면 세상에서 단 하나뿐인 손전등이 만들어진답니다.

대상연령 7세 이상   **소요시간** 20분

초등연계 과학 6-2 전기의 이용

실험목표 전기 회로의 원리 이해 · 전기가 흐르는 물질의 이해

준비물을 확인해요~

□ 꼬마전구   □ 소켓
□ 쿠킹포일   □ 500mL 페트병
□ 1.5V 건전지 2개
    * 건전지는 페트병 뚜껑과 연결할 수 있
     도록 지름 3cm 이상의 D형으로 준비
     합니다.
□ 클립 2개   □ 전선
□ 우드락   □ 포장지
□ 칼   □ 가위
□ 펜치   □ 접착테이프

실험 전에 알아 두세요!

전기는 항상 (+)극에서 (-)극으로 흐릅니다. 전구, 전선, 전지 등 여러 가지 전기 부품을 연결하여 전기가 흐를 수 있게 만든 것을 '전기 회로'라고 합니다. 클립으로 만든 스위치로 손전등을 켤 수 있는 이유는 클립이 전기가 흐르는 '도체'이기 때문입니다. 주방에서 사용하는 쿠킹포일 역시 전기가 잘 흐르는 도체이므로 스위치에 사용할 수 있답니다. 전구만 페트병에 연결해도 손전등이 완성되지만, 전구 주변을 쿠킹포일로 감싸면 반사판으로 작동하여 빛을 밝게 모아 줍니다.

어두운 저녁에도 빛을 가지고 다닐 수 있게 손전등을 만들어 볼까?

꼬마전구는 병뚜껑 안쪽을 향하게 한다.

1 병뚜껑에 구멍을 뚫어 소켓에 끼운 꼬마전구를 넣고, 소켓 양쪽에 전선을 연결한다.

2 1.5V 건전지 2개를 위아래로 쌓고 접착테이프로 감아서 연결한다.

3 소켓에 연결된 전선을 건전지의 (+)극에 붙인다.

4 소켓에 연결되지 않은 다른 전선을 건전지의 (−)극에 붙인다.

3과 4에서 남은 전선 끝을 서로 접촉하여 꼬마전구에 불이 들어오는지 확인한다.

5 페트병 윗부분을 잘라 1의 병뚜껑에 끼운 다음, 접착테이프를 감아서 건전지 위에 고정한다.

페트병 안에서 건전지가 흔들리지 않게 고정하는 용도로 만든다.

6 우드락을 도넛 모양으로 잘라서 건전지에 끼운다.

7 페트병 윗부분에 쿠킹포일의 반짝이는 면이 나오도록 붙여서 반사판을 만든다.

5에서 자르고 남은 페트병 아랫부분을 이용한다.

8 페트병 중앙에 가로 1cm 세로 2cm로 구멍을 만든다. 이때 3면만 자르고 밖으로 접는다.

9 건전지가 페트병 아래쪽으로 가게 넣고 전선을 구멍 밖으로 꺼내어 각각 클립에 연결한다.

10 클립 하나는 페트병 몸통에 붙이고, 다른 클립은 8에서 밖으로 접은 부분에 붙여서 스위치를 만든다.

11 스위치를 제외한 나머지 부분을 포장지로 감싸서 꾸미면 손전등이 완성된다.

12 클립 스위치를 누르면 손전등의 불이 켜진다.

찌릿찌릿~ 정전기로도 움직여요

건조한 겨울철에 스웨터를 벗을 때 '파박' 하는 소리와 함께 피부가 따끔합니다. 책받침을 머리카락에 비비면 머리카락이 하늘로 곤두서지요. 정체는 바로 정전기입니다. 귀찮을 것만 같은 정전기인데, 과학에서도 사용됩니다. 가장 대표적인 것은 스마트폰의 터치기술로 사람 몸의 정전기를 감지하여 입력된다고 해요. 손을 대지 않아도, 바람을 불지 않아도 물체를 움직일 수 있는 정전기로 놀아 볼까요?

대상연령 5세 이상 **소요시간** 5분

초등연계 과학 6-2 전기의 이용 심화

실험목표 정전기 현상 · 양전하와 음전하

 준비물을 확인해요~

공통 재료
☐ 털옷 ☐ 아크릴판

본 놀이
☐ 쿠킹포일 ☐ 스티로폼공 10개 이상
☐ 블록 4개 ☐ 종이상자 뚜껑

연관놀이
☐ PVC 파이프 ☐ 색종이 조각
☐ 콩 ☐ 빈 깡통
☐ 주전자 ☐ 풍선

 실험 전에 알아 두세요!

투명 아크릴판을 털옷으로 문지르면 털옷의 전자가 투명 아크릴판으로 이동하면서 전기를 띠게 됩니다. 이렇게 마찰로 만들어진 전기를 정전기라고 부릅니다. 정전기를 띤 아크릴판은 전기가 흐르는 도체(예: 포일공)나 전기가 흐르지 않는 부도체(예: 색종이)에 관계없이, 전하를 이동시키면서 끌어당기게 됩니다.

연관놀이 부도체인 물도 털옷으로 문지른 PVC 파이프를 가까이 대면 양(+)전하인 수소 원자가 PVC 파이프로 향하면서 물줄기가 구부러집니다.

> 정전기는 물도 휘게 하고, 깡통도 움직이게 한단다!

1 스티로폼공을 쿠킹포일로 감 싸서 포일공을 만든다.

2 종이상자 뚜껑을 뒤집어서 바 닥에 쿠킹포일을 깔아 준다.

3 블록 4개를 종이상자 모서리 에 하나씩 놓는다.

4 털옷에 투명 아크릴판을 문지 른 후, 블록 위에 올려놓는다.

5 아크릴판 위에 포일공을 3~4 개 올려놓고 손가락을 포일공 근처로 움직이면 도망간다.

6 종이상자에 포일공 20개를 넣 고 아크릴판을 올리면 포일공 이 아크릴판에 달라붙는다.

7 아크릴판에 손가락을 대고 움 직이면 아크릴판에 붙어 있던 포일공이 떨어진다.

8 아크릴판을 들어 올리면 포일 공이 아크릴판에 달라붙은 상 태로 따라 올라온다.

연관 놀이 ## 생활 속의 정전기

물줄기가 가늘어야 성공 하기 쉬우므로 주둥이가 가는 주전자를 준비한다.

PVC 파이프를 털옷에 문질러서 물줄기 가 까이 가져가면 물줄기가 구부러진다.

색종이 조각과 콩을 섞고 털옷에 문지른 풍선을 가까이 가져가면 색종이가 풍선에 달라붙는다.

빈 깡통을 눕혀 놓고 털옷에 문지른 아크 릴판을 가까이 가져가면 깡통이 조금씩 굴 러간다.

천연섬유 소재의 옷보다는 화학섬유로 만든 옷이, 여름용 면 티셔츠보다 겨울용 스웨터가 정전기가 쉽게 발생한다.

신맛이 전기를 만든다고?

1800년, 이탈리아 과학자 알렉산드로 볼타는 은판과 아연판 사이에 소금물을 적신 헝겊을 여러 겹 쌓아서 전기를 발생시켰다고 해요. 이것이 세계 최초의 화학전지가 되었고, 전압의 단위인 볼트(V)는 그의 이름에서 나왔답니다. 볼타의 실험에서는 소금물이 전류를 흐르게 하는 전해질로 사용되었는데, 레몬, 오렌지, 귤, 라임 같은 신맛 나는 과일에도 전해질이 들어 있어서 전지를 만들 수 있어요!

대상연령 6세 이상 **소요시간** 20분

초등연계 과학 6-2 전기의 이용

실험목표 전기 회로와 전류 이해 · 전해질 이해

📝 준비물을 확인해요~

공통 재료
- ☐ 레몬 ☐ 집게 전선
- ☐ 고휘도 발광 다이오드(고휘도 LED) 전구

본 놀이
- ☐ 칼 ☐ 구리판 ☐ 아연판

연관놀이
- ☐ 클립 ☐ 10원짜리 동전
  * 구리를 씌워서 만든 10원짜리 동전으로 준비해야 합니다.

🧪 실험 전에 알아 두세요!

신맛 과일 속에 들어 있는 시트르산은 금속을 산화시켜 전자를 만들어 낼 뿐 아니라 전해질 역할도 합니다. 그래서 레몬에 구리판과 아연판을 꽂으면 전자가 이동해 흘러서 전구의 불을 켜게 되는 것입니다. 이때 아연은 (-)극, 구리는 (+)극 역할을 하게 됩니다. 구리판과 아연판 대신 구리로 코팅된 10원짜리 동전과 철로 만든 클립을 사용해도 마찬가지입니다.

실험 TIP 불이 잘 켜지지 않으면 레몬 조각을 늘리거나 구리판과 아연판의 사이가 멀지 않게 다시 꽂아 줍니다. 실험에 사용한 과일은 먹지 않도록 합니다.

신맛 과일 속에는 전류를 흐르게 하는 물질이 들어 있대!

1 레몬을 반으로 자른다.

2 레몬 과육에 구리판과 아연판을 나란히 마주 보게 꽂아 준다.

3 집게 전선으로 구리판과 아연판을 줄줄이 연결한다.

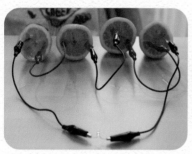

4 양 끝의 집게 전선 사이에 LED 전구를 연결한다.

> 과일에서 얻은 전류량이 많지 않으므로 미량의 전류로도 불이 켜지는 고휘도 LED 전구를 사용한다.

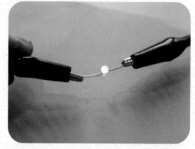

5 건전지 없이 LED 전구에 불이 켜진다.

연관 놀이 클립과 동전으로 연결한 레몬 전지

> 레몬을 자르면 클립과 동전이 잘 세워지지 않으므로 통째로 사용한다.

1 레몬에 클립을 하나씩 꽂아 준다.

2 클립 옆으로 10원짜리 동전을 하나씩 꽂아 준다.

3 집게 전선을 클립과 동전 사이에 연결하고, 전구를 연결하면 불이 켜진다.

7장

문방구에서
찾았다

호모 폴라 발레리나

전동기의 시초는 1821년 영국의 과학자 마이클 패러데이가 선보인 '호모 폴라 전동기'로 거슬러 올라갑니다. 전동기는 전기 에너지를 운동 에너지로 바꿔서 회전하는데, 우리 생활 곳곳에서 쓰이는 가전제품 중 '돌린다'고 표현하는 것들에 전동기가 들어갑니다. 선풍기, 청소기, 세탁기, 믹서기 등이 있지요. 우리도 호모 폴라 전동기로 빙글빙글 춤추는 발레리나를 한번 만들어 볼까요?

대상연령 7세 이상   **소요시간** 20분

초등연계 과학 3-1 자석의 이용 · 6-2 전기의 이용 심화

실험목표 자석의 성질 이해 · 전류와 자기장 이해 · 전동기의 원리 이해

📝 준비물을 확인해요~

공통재료

☐ 원형 네오디뮴 자석   ☐ AA 건전지

* 자석 위에 건전지를 올리려면 지름 15mm 이상의 자석을 준비합니다.

본 놀이

☐ 구리선(직경 0.8mm 이상)   ☐ 유성 매직
☐ 발레리나 그림   ☐ 접착테이프

연관놀이

☐ 둥근 막대(목공풀, 물풀 등)   ☐ 쿠킹포일

* 둥근 막대는 건전지보다 지름이 두꺼워야 해요.

🧪 실험 전에 알아 두세요!

회전의 비밀은 전류와 자석에 있습니다. 구리선을 건전지의 (+)극과 네오디뮴 자석의 둘레에 닿게 연결하면, 전자들이 이동하면서 전기가 흐르게 됩니다. 전기가 흐르며 만들어진 자기장과 네오디뮴 자석의 자기장이 서로 밀고 당기면서 발레리나가 회전하게 된 것이지요. 이 실험에서처럼 전기 에너지를 운동 에너지로 변환시켜 회전하는 것이 전동기의 기본 원리입니다.

실험 TIP 호모 폴라 전동기가 빠르게 회전하려면 자기력이 강해야 하므로, 자력이 강한 네오디뮴 자석을 사용하는 게 좋습니다.

건전지에 구리선만 걸쳐 놓아도 뱅그르르 도는 이유는 자석 때문이야~

자석 하나만 있어도 실험할 수 있다.

1 원형 네오디뮴 자석 위에 AA 건전지를 세워 놓는다.

다음 단계에서 건전지에 올리는 모양을 참고하여 길이와 무게중심을 잘 잡도록 한다.

2 구리선을 구부려서 하트 모양으로 만든다.

구리선 끝이 자석에 닿으면 전류가 흐르면서 구리선이 뜨거워지니 조심한다.

3 하트 모양 구리선을 건전지 위에 올려 놓으면 하트 구리선이 회전한다.

4 구리선을 유성매직 몸통에 감아서 스프링 모양으로 만들어 준다.

5 스프링 모양 구리선 끝에 발레리나 그림을 코팅하여 붙여 준다.

6 발레리나 구리선을 건전지에 끼우면 구리선이 회전한다.

연관 놀이 회전하는 쿠킹포일

1 둥근 막대를 쿠킹포일로 말아 준다.

2 쿠킹포일 끝이 뜨지 않도록 손가락으로 눌러서 접은 다음, 쿠킹포일 안의 둥근 막대를 빼낸다.

자석 하나만 있어도 실험할 수 있다. 단, 쿠킹포일을 짧게 해야 한다.

쿠킹포일이 치우지지 않아야 건전지의 (+)극과 잘 맞닿아 회전한다.

3 네오디뮴 자석 위에 건전지를 올리고, 2의 쿠킹포일을 덮어 주면 쿠킹포일이 혼자서 회전한다.

빙글빙글 자석 오뚝이

힘껏 밀고 굴려도 오뚝오뚝 일어나는 장난감을 오뚝이라고 하지요. 아이들 스트레스 해소와 운동을 위해 나온 오뚝이 샌드백은 아무리 쳐도 금세 다시 일어납니다. 길가에 세워 둔 간판이 바람에 쉽게 날아가지 않고, 배가 파도와 바람에 크게 흔들리지 않는 이유도 오뚝이의 원리와 같습니다. 바로 무게중심 때문입니다. 무게중심을 아래에 두면 정말 오뚝이처럼 일어날 수 있을까요?

대상연령 5세 이상   **소요시간** 20분

초등연계 과학 3-1 자석의 이용 · 4-1 물체의 무게

실험목표 자석의 성질 이해 · 무게중심의 원리 이해 · 자석을 이용한 장난감 만들기

준비물을 확인해요~

본놀이
- ☐ 투명 캡슐
- ☐ 원형 자석 3개
- ☐ 아이스크림 막대
- ☐ 종이컵
- ☐ 고무찰흙
- ☐ 양면테이프
- ☐ 눈알 스티커
- ☐ 네임펜
- ☐ 아크릴판

연관놀이
- ☐ 탁구공
- ☐ 쇠구슬
- ☐ OHP 필름
- ☐ 종이상자

실험 전에 알아 두세요!

물체가 지닌 무게의 중심점을 무게중심이라고 하는데, 물체에서 가장 무거운 곳에 가깝습니다. 원형 캡슐 바닥에 붙여 놓은 자석이 오뚝이의 무게중심에 해당하기 때문에 넘어트려도 다시 일어나게 됩니다.

연관놀이 탁구공 오뚝이는 고정되지 않은 쇠구슬이 무게중심으로 사용되었습니다. 레일을 한쪽으로 기울이면 쇠구슬이 움직이면서 무게중심이 이동하고, 무게중심 이동에 따라 오뚝이가 연속적으로 일어서면서 앞으로 구르는 것처럼 보입니다. 이때 레일의 경사를 크게 할수록 구르는 속도가 빨라집니다.

오뚝이의 비밀은 둥근 바닥에 무게중심이 있다는 거야!

중앙에 맞춰 붙여야 무게중심을 잘 잡을 수 있다.

1 투명 캡슐을 열고 바닥에 고무찰흙을 놓은 다음 자석을 붙여 준다.

2 캡슐 뚜껑을 닫고 그 위에 종이컵을 붙인다. 이때 눈알 스티커나 네임펜으로 꾸며서 나만의 오뚝이를 만든다.

3 오뚝이를 한쪽으로 넘어트리면 다시 일어난다.

네오디뮴 자석을 이용하면 오뚝이가 더 잘 움직인다.

4 자석 사이에 아이스크림 막대를 끼워서 자석 막대를 만들고, 자석 막대로 오뚝이를 움직여 본다.

5 아크릴판 위에 오뚝이를 올려놓고 아크릴판 아래에서 자석 막대를 움직이며 오뚝이를 움직여 본다.

연관 놀이 **앞구르기 하는 오뚝이**

과학 4-1 물체의 무게 · 무게중심의 원리 이해

1 탁구공을 반으로 잘라서 쇠구슬을 하나 넣는다.

2 반으로 자른 탁구공 사이에 OHP 필름을 5cm 정도 길이로 둥글게 말아 붙인다.

3 종이상자로 탁구공 오뚝이가 굴러갈 레일을 만들어 준다.

4 양손으로 레일을 잡고 레일 끝에 탁구공 오뚝이를 놓은 다음, 한쪽으로 기울이면 오뚝이가 떼굴떼굴 굴러간다.

157

내가 만든 공룡 화석

경남 고성에 가면 공룡 발자국을 볼 수 있습니다. 수박만 한 발자국이 줄지어 있어서 정말 신기하지요. 1억 년 전에 살았던 공룡은 어떻게 발자국을 남겼을까요? 우리가 모래사장을 걸으면 발자국이 움푹움푹 찍히는 것처럼, 공룡도 부드러운 흙바닥에 발자국을 남겼어요. 그 발자국이 굳고 퇴적물이 쌓여 있다가 다시 모습을 드러낸 것이랍니다. 같은 원리로 직접 공룡 화석을 만들어 볼까요?

대상연령 5세 이상   **소요시간** 40분

초등연계 과학 4-1 지층과 화석

실험목표 화석이 만들어지는 과정 · 화석 모형 만들기

준비물을 확인해요~

- ☐ 찰흙
- ☐ 공룡 피규어
- ☐ 그릇
- ☐ 나무젓가락 또는 일회용 숟가락
- ☐ 신문지
- ☐ 석고 가루
- ☐ 물

실험 전에 알아 두세요!

수억 년 전에 멸종된 생물체에 대해 알 수 있는 것은 화석 때문입니다. 화석이 만들어지려면 몇 가지 조건이 있어요. 첫째, 생물체의 유해가 썩기 전에 빠르게 퇴적물에 묻혀야 합니다. 둘째, 몸에 뼈나 껍데기와 같이 단단한 부분이 있어야 해요. 셋째, 생물체의 몸체나 흔적이 단단히 굳으려면 지각 변동이 없어야 합니다. 공룡 피규어를 진흙에 눌러 찍고, 석고물을 부어서 굳히는 과정을 통해 화석의 생성 조건을 이해할 수 있습니다.

실험 TIP 공룡 피규어 대신 조개껍데기나 잎맥이 뚜렷한 나뭇잎으로도 화석을 만들어 보세요!

외곽까지 석고물을 채워서 부으면 멋진 석고 부조도 만들 수 있어!

1 그릇에 찰흙을 담고 손으로 꾹꾹 눌러서 평평하게 한다.

2 공룡 피규어를 찰흙 위에 놓고 눌러서 공룡 모양이 잘 찍히도록 한다.

물을 너무 많이 넣으면 화석이 굳기까지 시간이 오래 걸린다.

3 찰흙에 찍힌 공룡 모양이 망가지지 않도록 조심하며 공룡 피규어를 꺼낸다.

4 석고 가루에 물을 조금씩 넣으면서 나무젓가락으로 가루를 풀어 준다.

5 석고물을 공룡 모양이 찍힌 찰흙틀에 붓고 그늘에서 말린다.

6 석고물이 완전히 굳으면 공룡 화석을 조심히 떼어 낸다.

다음 박물관에서 화석을 직접 볼 수 있다.
서대문자연사박물관 https://namu.sdm.go.kr
태백고생대자연사박물관 http://www.paleozoic.go.kr
대전지질박물관 http://museum.kigam.re.kr
고성공룡박물관 https://museum.goseong.go.kr
해남공룡박물관 http://uhangridinopia.haenam.go.kr

고무줄로 움직이는 통통배

힘을 가하면 모양이 변했다가 힘이 없어지면 원래대로 되돌아가는 성질을 탄성이라 하고, 그런 힘을 탄성력이라고 합니다. 탄성력을 가진 물질은 우리 생활 주변에서 쉽게 찾을 수 있어요. 침대 매트리스의 용수철이 흔들림을 흡수해 주기 때문에 편안히 잠잘 수 있고, 머리끈이나 바지의 고무줄이 늘어났다 줄어들기 때문에 흘러내리지 않지요. 고무줄의 탄성을 이용하면 물체를 움직일 수도 있답니다!

대상연령 5세 이상 **소요시간** 20분

초등연계 과학 4-1 물체의 무게 심화

실험목표 고무줄의 탄성 이해 · 탄성을 이용한 동력 이해

 준비물을 확인해요~

본놀이

☐ 원형 고무줄   ☐ 우드락
☐ 볼펜   ☐ 자
☐ 고무찰흙   ☐ 접착테이프
☐ 큰 대야 또는 욕조

연관놀이

☐ 긴 고무줄   ☐ 반지

* 긴 고무줄이 없으면 원형 고무줄을 잘라서 길게 연결해도 됩니다.

 실험 전에 알아 두세요!

고무줄로 고정한 우드락 프로펠러를 감았다가 놓으면, 본래의 모양으로 돌아가려는 고무줄의 탄성에 따라 고무줄이 풀리게 됩니다. 그 과정에서 우드락 프로펠러가 움직이면서 배가 앞으로 나아가게 되는 것입니다.

실험 TIP 우드락으로 만든 배는 가벼워 뒤집힐 수 있어요. 배의 앞부분에 고무찰흙을 붙여 놓으면 무게중심을 잡아 주기 때문에 배가 뒤집히는 것을 방지할 수 있습니다.

> 통통배는 고무줄이 원래 모양으로 돌아가려는 힘에 의해 앞으로 나아가!

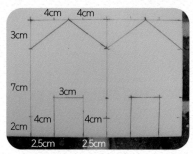

1 우드락 위에 앞부분이 뾰족한 형태의 배를 그려 준다.

2 도안에 따라 우드락을 자른 다음, 양옆은 아래에서 2cm 위치에 고무줄을 걸 수 있는 홈을 만든다.

가운데 조각이 프로펠러 역할을 한다.

3 홈에 고무줄을 걸고 중간의 우드락 조각은 접착테이프를 붙여서 고무줄에 고정한다.

4 앞부분에 무게 중심용 고무찰흙을 붙여서 배가 위로 들리지 않도록 한다.

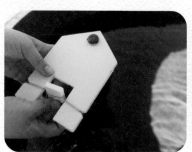

배의 바닥이 물에 닿은 상태에서 손을 떼면 된다.

5 완성된 고무줄 통통배의 프로펠러를 감고 물 위에 놓으면 통통배가 나아간다.

연관 놀이 저절로 올라가는 반지

1 고무줄에 반지를 끼운다.

반지 쪽 고무줄은 10cm 정도 여유를 남기고 손바닥 안에 넣어 다른 사람들에게 안 보이게 한다.

2 고무줄 양쪽을 잡고 팽팽하게 늘려 준다. 이때 반지 반대쪽 손은 높게 올린다.

늘어났던 고무줄이 줄어들면서 이동하는 것처럼 보일 뿐. 반지는 실제로 제자리에 머물러 있다.

3 반지를 잡은 손의 힘을 서서히 빼면 반지가 위로 올라가는 것처럼 보인다. 반지 위치에 표시를 하면 쉽게 확인할 수 있다.

고무줄로 탑 쌓기

종이컵에 손을 대지 않고 탑을 쌓으려면 어떻게 해야 할까요? 집게나 젓가락처럼 종이컵을 집을 수 있는 도구가 먼저 생각날 거예요. 그런데 털실로 원형 고무줄을 잡아당겨서 고무줄을 종이컵에 채워 옮기는 방식도 있답니다. 고무줄의 특징을 이용해 놀다 보면 자연스럽게 과학적 원리도 알게 되고, 둘 이상이 함께 고무줄을 잡아당기고 놓아야 해서 협동심까지 기를 수 있는 놀이입니다.

대상연령 5세 이상 **소요시간** 20분

초등연계 과학 4-1 물체의 무게 심화

실험목표 고무줄의 탄성 이해 · 마찰력 이해

준비물을 확인해요~

공통재료
☐ 고무줄 ☐ 종이컵

본 놀이
☐ 털실 ☐ 가위

연관놀이
☐ 종이, 그리기 재료(색연필, 사인펜 등)
☐ 클립 ☐ 고무찰흙

실험 전에 알아 두세요!

손을 대지 않고 탑을 쌓을 수 있었던 비결은 무엇일까요? 탄성과 마찰력에 있습니다. 늘어났던 고무줄이 종이컵에 딱 맞게 줄어드는 이유는 원래의 모습으로 돌아가려고 하는 고무줄의 탄성 덕분입니다. 종이컵이 고무줄에서 빠지지 않고 옮겨질 수 있었던 이유는 고무줄과 종이컵 사이에 마찰력이 작용했기 때문입니다. 마찰력도 탄성력 못지않게 생활 곳곳에서 찾을 수 있어요. 고무장갑에 있는 돌기나 신발 밑창의 무늬 등이 마찰력을 높여 주어 잘 미끄러지지 않도록 도와준답니다.

종이컵에 손을 대지 않고
고무줄로 탑을 쌓아 볼까?

1 털실을 40cm 이상 길이로 잘라 4개를 만든다.

반으로 접어 묶으면 실이 잘 풀리지 않는다.

2 털실을 반으로 접어 고무줄에 단단하게 묶는다. 이때 일정한 간격을 두어야 한다.

3 책상에 종이컵 10개를 뒤집어 놓는다.

4 두 사람이 털실을 양손으로 잡고 천천히 밖으로 잡아당겨서 고무줄 안에 종이컵이 들어가도록 한다.

5 털실을 서서히 놓으면 고무줄이 종이컵에 밀착되면서 종이컵을 들어 올릴 수 있다.

6 이런 식으로 종이컵을 옮기면서 종이컵을 피라미드 모양으로 쌓는다.

연관 놀이 저절로 움직이는 종이컵 인형

고무찰흙이 종이컵 인형의 중심축이 된다.

1 종이에 아이를 그려서 종이컵에 붙여 준다.

2 클립 2개를 고무줄에 끼운 다음, 종이컵에 클립을 끼워서 고정한다.

3 고무줄의 가운데에 고무찰흙을 뭉쳐서 공 모양을 만든다.

4 종이컵을 책상 위에 놓고 최대한 길게 쓸어서 고무줄이 감기게 한 다음, 종이컵에서 손을 떼면 저절로 움직인다.

사인펜 색깔의 비밀

사인펜은 한 가지 색으로 보이지만, 실제로는 여러 색이 합쳐진 혼합색입니다. 색소를 분리하는 방법을 크로마토그래피라고 하는데, 1906년 러시아 식물학자 미하일 츠베트가 식물의 잎에서 엽록소를 분리하기 위해 발명했다고 해요. 현재는 소변 검사나 혈액 검사, 운동선수들의 도핑 검사, 음식이나 식물의 성분 분석 등 다양한 영역에서 크로마토그래피의 원리가 사용되고 있습니다.

대상연령 5세 이상　　**소요시간** 10분

초등연계 과학 4-1 혼합물의 분리 심화

실험목표 크로마토그래피의 원리 이해 · 수성펜의 색소 분리하기

준비물을 확인해요~

공통재료
- ☐ 거름종이 또는 키친타올
- ☐ 수성펜　　☐ 물　　☐ 유리컵

본놀이
- ☐ 꼬치막대　☐ 집게　☐ 가위
  * 꼬치막대와 집게 대신 연필과 접착테이프를 사용해도 됩니다.

연관놀이
- ☐ 동전　　☐ 꾸미기 재료(모루 , 빨대)

실험 전에 알아 두세요!

거름종이에 수성펜으로 선을 그려서 거름종이 끝을 물에 닿게 하면, 물이 거름종이를 따라 올라가면서 수성펜 속의 색소가 분리됩니다. 거름종이를 타고 물이 올라가는 것은 모세관 현상에 의한 것이고, 색소가 분리되는 것은 색소마다 물을 따라 올라가는 정도가 다르기 때문입니다.

실험 TIP 사인펜을 칠한 부분까지 물에 잠기면 색소가 분리되기 전에 물에 녹아 버리므로, 사인펜 부분에 직접 물이 닿지 않게 합니다.

수성펜의 검은색 속에는 어떤 색들이 숨어 있을까?

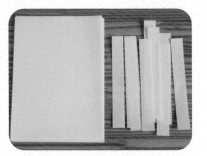

1 거름종이를 너비 2cm, 길이 12~15cm 정도로 자른다.

2 거름종이 끝에서 1cm 부분에 여러 색의 수성펜으로 선을 긋는다.

양쪽 끝에는 꼬치막대를 걸릴 수 있게 큰 유리컵을 둔다.

선을 그은 쪽이 유리컵 안으로 들어가게 한다.

3 유리컵을 나란히 놓고 거름종이가 유리컵에 하나씩 들어가도록 간격을 두고 꼬치막대에 매단다.

수성펜으로 그은 선까지 물이 닿지 않도록 주의한다.

4 유리컵에 물을 조금씩 부어 준다.

5 꼬치막대를 3처럼 걸치고 거름종이에 물이 흡수되면서 나타나는 변화를 관찰한다.

연관 놀이 **크로마토그래피 꽃과 나비**

동그라미만 여러 번 그리거나 물결이나 직선만 그려도 된다.

1 거름종이 중앙에 동전을 놓고 그 주변을 수성펜으로 그림을 그린다.

2 동전 놓은 부분을 중심으로 여러 번 접어서 물컵에 넣는다.

3 수성펜이 예쁘게 번지면 꺼내어 잘 말린다.

4 모루나 빨대 등의 재료로 꾸며서 꽃과 나비를 만든다.

물 만난 보드마카 그림

물을 만나면 움직이는 그림이 있어요. 보드마카 그림에 물을 부으면, 신기하게도 그림이 물 위에 떠서 움직인답니다. 물 위에 뜨는 특징을 살려서 물고기, 올챙이, 연꽃, 통통배처럼 물을 배경으로 그려도 좋고, 물을 살살 불어 주면 사람이나 동물이 움직이는 모습도 재밌게 표현할 수 있어요. 이 밖에도 아이가 그리고 싶은 그림을 다양하게 그리면서 이야기를 만들어 보세요!

대상연령 6세 이상   **소요시간** 20분

초등연계 과학 4-1 혼합물의 분리 심화

실험목표 물과 기름의 밀도 차이 이해

준비물을 확인해요~

공통재료

☐ 물

본 놀이

☐ 보드마카   ☐ 빨대   ☐ 물컵
  * 보드마카 외의 유성펜(유성매직이나 네임펜 등)은 물에 뜨지 않아요.

☐ 도자기 또는 유리 재질의 접시

연관놀이

☐ 투명 플라스틱컵   ☐ 손수건
☐ 고무줄   ☐ 수성펜   ☐ 물약병

실험 전에 알아 두세요!

보드마카는 유성 잉크와 알코올로 이루어져 있어요. 보드마카로 그림을 그리면 알코올은 금세 증발해 사라지고 유성 잉크만 남게 됩니다. 여기에 물을 부으면 유성 잉크가 물과 섞이지 않고 물 위에 뜨게 되면서 움직이는 그림이 만들어지는 것입니다.

실험 TIP 선이 연결되어 있어야 물을 부을 때 그림의 형체대로 떠오릅니다. 크기가 너무 크거나 선이 얇아도 그림이 찢어지기 쉬우니 그림을 그릴 때 참고하세요!

보드마카 그림에 물을 부으면 스티커가 떨어지듯이 얇은 막이 떠올라~

단순한 형태의 그림을 빨리 그려야 물감이 말라붙지 않는다.

1 접시에 보드마카로 자유롭게 그림을 그린다.

그림에 직접 물을 부으면 그림이 찢어지므로 그림 없는 빈 곳에 붓도록 한다.

2 보드마카가 완전히 마르기 전에 접시에 물을 천천히 부어 준다.

3 보드마카 그림이 물 위에 뜨는 것을 관찰할 수 있다.

바람을 너무 세게 불면 그림이 찢어진다.

4 빨대로 물 위의 그림에 바람을 살살 불어 그림을 움직여 본다.

연관 놀이 손수건 위 미술관

과학 4-1 혼합물의 분리 심화 · 수성펜의 색소 분리하기

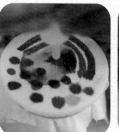
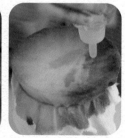

1 투명 플라스틱컵을 손수건으로 덮고 고무줄로 고정한다.

2 수성펜으로 손수건에 그림을 그린다.

3 물약병으로 손수건 그림에 물을 한 방울씩 떨어뜨리면서 그림이 변하는 것을 관찰한다.

흔들흔들 지진계

지진은 지구 내부에서 급격한 지각 변동이 생기면서 그 충격으로 땅이 흔들리는 현상을 말합니다. 2016년, 우리나라 관측 사상 최대인 5.8 규모의 지진이 경주에서 발생했습니다. 많은 건물이 무너지고 문화재까지 파손되었지요. 그런데 진원(지진의 기점)에서 멀어지면 땅이 흔들리는 정도가 달라지기 때문에, 서울에선 거의 느끼지 못했답니다. 지진계도 만들어 보고 지진에 대해 더 알아보도록 해요.

대상연령 7세 이상 　**소요시간** 20분

초등연계 과학 4-2 화산과 지진

실험목표 지진계의 원리 · 지진의 세기 측정

 ## 준비물을 확인해요~

- □ 신발 상자
- □ 사인펜　　□ 고무찰흙
- □ 클레이　　□ 실
- □ 칼　　　　□ 가위
- □ A4 용지　□ 접착테이프

 ## 실험 전에 알아 두세요!

책상에 진동이 없을 때는 틀에 매달린 사인펜은 직선을 그립니다. 책상이 흔들리면 틀과 기록지가 따라 움직이는데, 사인펜은 자신의 상태를 유지하려는 관성으로 정지해 있으면서 기록지에 지그재그 선을 남깁니다. 연필을 종이에 닿게 수직으로 고정한 채 종이만 좌우로 움직이면 지그재그 선이 그려지는 것을 생각하면 됩니다. 실제 지진계도 이 실험과 같은 원리입니다. 무거운 추에 매달린 펜은 움직이지 않고 땅의 흔들림에 따라 종이가 움직이면서 지진의 세기를 기록하는 것입니다.

 책상을 좌우로 세게 움직이면 기록의 폭도 넓어지지? 수평 지진계의 원리야!

1 신발 상자의 위아래 면을 뚫어
준다.

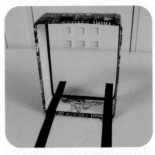

2 신발 상자를 책상 위에 세우고
접착테이프로 고정한다.

접착력이 좋은 고무찰흙
으로 사인펜을 먼저 감싼
후 클레이를 붙인다.

추의 무게가 어느 정
도 나가야 사인펜이
종이에 잘 닿는다.

3 사인펜 심의 윗부분을 고무찰흙과 클레이로 두껍게 감싸서 지진계
의 추를 만든다.

4 사인펜 끝에 실을 붙이고 심이 바닥에
살짝 닿도록 신발 상자 천장에 실을 고
정한다.

길게 이어 붙여
도 된다.

5 A4 용지를 길게 반으로 잘라서 지진 기
록지를 만든다.

6 사인펜 아래에 종이를 놓고 종이를 앞
으로 천천히 잡아당기며, 선이 그어지
는지 확인한다.

7 지진이 난 것처럼 책상을 옆으로 흔들면서 종이를 앞으로 잡아당기면 어떤 선이 나오는지 확인한다.

햇빛을 모으면 무슨 일이?

가까운 거리의 물체는 잘 보이는데 먼 거리의 물체가 안 보이는 것을 '근시'라고 합니다. 근시를 교정하는 안경을 만져 보면 렌즈 중간이 얇고 바깥쪽으로 갈수록 두꺼워집니다. 즉, 오목렌즈를 사용하는 것이지요. 반대로 가까운 물체가 안 보일 땐 '원시'라 하고, 렌즈 중간이 두꺼운 볼록렌즈를 사용합니다. 실험에서 물건을 크게 보이게 하는 돋보기도 볼록렌즈를 사용한답니다.

대상연령 7세 이상   **소요시간** 5분

초등연계 과학 6-1 빛과 렌즈

실험목표 볼록 렌즈의 특성 이해 · 볼록 렌즈와 오목 렌즈의 차이 이해

준비물을 확인해요~

공통재료
☐ 돋보기

본 놀이
☐ 알루미늄 병뚜껑
☐ 고무찰흙   ☐ 성냥

연관놀이
☐ 검은색 종이

실험 전에 알아 두세요!

돋보기는 주로 가까이 있는 물체를 크게 보이게 하는 용도로 쓰지만, 햇빛을 비추면 종이가 타서 구멍이 나고 성냥에 불도 붙일 수 있어요. 렌즈를 통과한 빛은 두꺼운 쪽으로 꺾이는 특성이 있기 때문입니다. 돋보기는 가운데 부분이 가장자리보다 두꺼운 볼록 렌즈를 사용하므로, 가운데로 빛이 꺾여서 모이는 것이지요.

실험 TIP 오목 렌즈로 만들어진 졸보기로도 실험해 보세요. 졸보기는 가장자리가 두껍기 때문에 빛이 가장자리로 꺾여 나가서 햇빛을 모을 수 없답니다.

볼록 렌즈는 빛을 모아주기 때문에 불도 붙일 수 있어!

1 알루미늄 병뚜껑에 고무찰흙을 여섯 조각을 붙여 놓는다.

2 고무찰흙에 성냥 머리가 서로 맞닿도록 세운다.

3 햇빛이 잘 드는 곳에 2를 놓는다.

4 돋보기로 햇빛을 모아 성냥 머리 부분에 향하도록 한다.

5 시간이 지나면 성냥에 불이 확 붙는다.

연관 놀이 돋보기로 종이 태우기

1 햇빛이 잘 드는 곳에 검은색 종이를 펼쳐 놓는다.

2 검은색 종이 위에 작은 점 하나가 나타나도록 종이와 돋보기 사이의 거리를 조절한다.

3 시간이 지나면 검은색 종이에 연기가 피어오르며 타들어 간다.

전기가 흐르는 그림

어린이가 콘센트에 쇠젓가락을 집어넣다가 감전되는 사고가 간혹 일어납니다. 쇠젓가락이 전기가 통하는 도체이기 때문입니다. 철, 구리 등 금속은 도체고, 종이나 나무, 유리, 고무, 비닐 같은 물질은 부도체입니다. 그런데 연필은 금속이 아닌데도 전기가 통한답니다!

대상연령 7세 이상	**소요시간** 15분	**초등연계** 과학 6-2 전기의 이용	**실험목표** 흑연의 전도성 관찰

 ## 준비물을 확인해요~

- ☐ 4B 연필
- ☐ 9V 건전지
- ☐ LED 전구(발광 다이오드)
- ☐ 종이
- ☐ 접착테이프

 ## 실험 전에 알아 두세요!

연필로 그린 그림으로 LED 전구의 불을 켤 수 있습니다. 연필심으로 사용된 흑연이 도체이기 때문입니다. 미술용으로 많이 사용되는 4B 연필에 흑연이 많이 첨가되어 있어서 전기 회로가 잘 만들어질 수 있습니다. 그림이 두껍고 짧을수록 전구의 불빛이 밝아지는 것도 한번 확인해 보세요!

실험 TIP LED 전구는 반드시 (+)극과 (-)극을 맞춰야 합니다.

1 4B 연필로 굵고 간단하게 그림을 그린다. 이때 그림의 선을 모두 연결하되 두 곳만 간격 1cm로 뚫려 있어야 한다.

2 선의 끝에 각각 (+)극과 (-)극을 표시한다.

3 LED 전구의 전선을 벌려서 전선이 긴 쪽을 (+)극에, 짧은 쪽을 (-)극에 붙인다.

4 LED 전구를 붙인 반대편에 9V 건전지의 (+)극과 (-)극이 닿게 하면, LED 전구에 불이 들어온다.

구멍을 뚫어도 물이 새지 않아요

마찰열은 접촉하고 있는 두 물체가 마찰할 때 생기는 열을 말합니다. 나무를 비벼서 불을 피울 수 있는 것, 컬링 선수가 빙판을 닦아 얼음을 녹이는 것이나 양손을 빠르게 비비면 따뜻해지는 것도 모두 마찰열 때문입니다. 마찰열로 신기한 마술도 할 수 있어요!

대상연령 5세 이상	**소요시간** 5분	**초등연계** 없음(중1 과학. 열과 우리 생활)	**실험목표** 마찰열 이해

 준비물을 확인해요~

□ 연필 여러 자루
  * 연필 대신 이쑤시개, 꼬치막대 등을 이용해도 됩니다.
□ 비닐봉지 또는 지퍼백
□ 물

 실험 전에 알아 두세요!

구멍을 뚫어도 비닐봉지에서 물지 새지 않는 이유는 마찰열 때문입니다. 연필로 비닐봉지를 빠르게 찌르면 연필과 비닐봉지 사이에 마찰열이 발생하면서 비닐봉지가 수축하게 됩니다. 연필과 비닐봉지 사이에 틈이 생기지 않아 물이 새지 않게 되지요.

실험 TIP 비닐봉지를 찌를 때 빠르게 찔러야 물이 새지 않고 마찰열이 발생합니다!

1 연필깎이로 연필심을 뾰족하게 깎는다.

비닐봉지가 크면 무게가 많이 나가니 적당한 크기로 한다.

2 비닐봉지나 지퍼백에 물을 담는다. 이때 물을 가득 넣지 않고 조금 비워 둔다.

3 물이 담긴 비닐봉지에 끝이 뾰족한 연필을 꽂는다.

4 연필의 수를 늘려도 물이 새지 않는 것을 관찰할 수 있다.

8장

주방은
또 다른 실험실

물을 부으면 방향이 바뀌는 화살표

빛은 직진하다가 투명한 물체를 만나면 속도가 느려지고, 굴절되기도 합니다. 굴절 현상은 실생활에서 흔히 찾아볼 수 있어요. 물컵에 빨대를 넣으면 꺾여 보이고, 욕조 속에 있는 사람 다리는 더 짧고 굵게 보이며, 호숫물은 실제보다 얕게 보여서 사고의 원인이 되기도 합니다. 굴절 현상을 이용하면 화살표 방향을 바꾸는 마술도 할 수 있어요. 어떻게 하는지 알아볼까요?

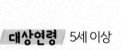 **대상연령** 5세 이상 **소요시간** 5분

초등연계 과학 6-1 빛과 렌즈

실험목표 빛의 굴절 이해 · 볼록 렌즈의 특성 이해

 준비물을 확인해요~

공통재료
- [ ] 물

본 놀이
- [ ] 둥글고 긴 물병
- [ ] 화살표 그림

연관놀이
- [ ] 동전
- [ ] 유리컵
- [ ] 빨대

 실험 전에 알아 두세요!

빛의 굴절이란 빛이 직진하다가 다른 물질을 통과하면서 진행 방향이 꺾이는 것을 말합니다. 볼록 렌즈는 렌즈를 통과한 빛이 굴절하면서 물체를 크게 보이게 합니다. 단, 초점거리보다 물체가 멀어지면 물체가 뒤집혀 보이게도 합니다. 둥근 컵에 물을 부으면 좌우 방향의 볼록 렌즈처럼 작용하여, 화살표가 거꾸로 보인답니다.

실험 TIP 화살표를 물통에 가깝게 놓아 보거나 관찰하는 위치를 앞뒤로 이동하면서 언제 뒤집히고 언제 뒤집히지 않는지 비교해 보세요!

 원형 물통은 화살표가 뒤집히네? 그럼 사각 물통도 뒤집힐까?

화살표를 같은 방향으로 2개 그린다.

1 둥글고 긴 물병 뒤쪽에 10cm쯤 거리를 두고 화살표가 그려진 종이를 세워 놓는다.

2 물병에 물을 두 화살표의 중간 높이까지 부어 주면 아래 화살표만 방향이 바뀐다.

3 물병에 물을 가득 채우면 두 화살표 모두 방향이 바뀐다.

연관 놀이 동전이 사라졌어요

1 바닥에 동전을 놓고 그 위에 유리컵을 올려놓는다.

2 유리컵에 물을 붓는다.

3 동전이 사라진 것처럼 보이지만, 위에서 들여다보면 동전을 확인할 수 있다.

★ 물컵에 빨대를 넣으면 빨대가 꺾인 것처럼 보인다.

실에서 무슨 소리가 날까요?

종이컵을 실로 이어서 했던 실 전화기 놀이는 누구나 한 번쯤 했던 추억의 놀이입니다. 그냥 말하면 전달되지 않을 소리도 실 전화기에 대고 말하면 전화기처럼 목소리가 전달되니 정말 신기했지요. 목소리 전달의 주역은 바로 실입니다. 소리는 공기를 통해서도 전달되지만, 기체보다 액체가, 액체보다는 고체가 더욱 빠르게 전달된답니다. 이번 실험으로 다양한 환경에서 실로 소리를 전달해 볼까요?

대상연령 5세 이상   **소요시간** 5분

초등연계 과학 3-2 소리의 성질

실험목표 소리 발생의 원리 이해 · 소리 전달의 원리 이해

📋 준비물을 확인해요~

공통재료
☐ 실

본놀이
☐ 종이컵   ☐ 투명 플라스틱컵   ☐ 송곳
☐ 클립   ☐ 접착테이프   ☐ 물

연관놀이
☐ 스테인레스 포크
☐ 스테인리스 재질의 물건(자, 숟가락, 집게 등)

🧪 실험 전에 알아 두세요!

물체를 두드리면 물체의 진동이 공기를 진동시키고, 진동이 공기를 타고 전달되다가 귀의 고막을 진동시킬 때 비로소 소리로 인식됩니다. 실험 역시 실을 통해 전달된 진동이 컵으로 전달되고, 컵이 스피커처럼 소리를 크게 하면서 소리로 들리게 됩니다. 듣는 이에 따라 오리나 닭 울음소리로 들리기도 한답니다. 실을 따라 전달되는 소리는 넓게 퍼지지 않고 오기 때문에 생각보다 소리가 큽니다. 컵의 종류, 실에 묻힌 물의 양, 컵의 크기 등에 따라 마찰력이 다르니 소리도 달라지지요. 연관놀이에서도 실에 매달린 포크가 어디에 부딪히느냐에 따라 소리가 달라집니다.

소리는 진동을 통해 전달된대! 실이 진동하지 않게 중간을 잡는다면 어떻게 될까?

1 종이컵 바닥에 송곳으로 구멍을 뚫고 실을 끼운다.

2 실 끝에 클립을 묶어 실이 빠지지 않게 한다.

3 클립을 종이컵 바닥에 접착테이프로 고정한다.

마른 상태의 실이어야 한다.

4 종이컵을 한 손으로 잡고 다른 손으로 실을 빠르게 훑어 내리며 소리를 들어 본다.

5 이번에는 종이컵에 매달린 실을 물에 적셔 축축하게 만든다.

6 축축해진 실을 빠르게 훑어 내릴 때 나는 소리와 마른 실에서 나는 소리를 비교해 본다.

7 플라스틱컵도 마찬가지로 소리를 내어 비교해 본다.

연관 놀이 포크에서 종소리가 나요

양쪽 실의 길이가 같게 해야 한다.

1 실의 중간 지점에 스테인리스 포크가 오도록 묶고, 양손 집게손가락에 실을 감아서 귓구멍을 막는다.

2 스테인리스로 된 숟가락이나 집게 등으로 포크를 두드리며 소리를 듣는다.

3 포크가 벽이나 의자에 부딪히게 몸을 흔들면 어떤 소리가 들리는지 들어 본다.

오르락내리락 빨대 잠수부

잠수함은 바닷속에 가라앉기도 하고 뜨기도 하는 신기한 배입니다. 비밀은 부력과 중력, 즉 뜨는 힘과 가라앉는 힘의 관계에서 나온답니다. 물밑으로 가라앉으려면 잠수함 탱크에 물을 채워서 중력이 크게 하고, 물 위로 뜨려면 탱크에서 물을 빼고 공기를 넣어서 부력을 크게 하는 것이지요. 빨대로 만든 잠수부도 이처럼 오르락내리락하려면 어떻게 해야 할까요?

대상연령 5세 이상　　**소요시간** 15분

초등연계 과학 6-1 여러 가지 기체

실험목표 기체의 압력과 부피의 관계 이해

 준비물을 확인해요~

공통재료

☐ 물　　　　☐ 가위
☐ 식용색소 또는 물감

본 놀이

☐ 750mL~1.0L 페트병(우유 용기)
☐ 주름빨대　　☐ 고무줄
☐ 고무찰흙　　☐ 투명 플라스틱컵

연관놀이

☐ 빨대　　　☐ 글루건
☐ EVA 압축스펀지

182

 실험 전에 알아 두세요!

처음에는 빨대 안에 공기가 있어서 잠수부가 떠 있습니다. 그런데 페트병을 누르면 빨대 안으로 물이 들어가면서 밀도가 커져 빨대 잠수부가 내려가지요. 페트병에서 손을 떼면 반대로 빨대 안에 있던 물이 나오면서 원래대로 밀도가 작아져 위로 다시 올라갑니다.

연관놀이 공기가 빨리 흐르면 압력이 낮아집니다. 바람이 나오는 부분은 압력이 낮고, 나머지는 상대적으로 압력이 높기 때문에 물에 잠긴 빨대를 통해 물이 올라옵니다. 이때 바람을 만난 물이 분무기처럼 분사되는 것이지요.

빨대 잠수부에 공기가 차면 위로, 물이 차면 아래로~

1 주름빨대의 주름 부분을 접은 상태에서 흡입구 길이와 같게 자른 다음, 고무줄로 묶는다.

물 위로 주름 부분이 살짝 보일 정도가 되도록 고무찰흙을 더 붙이거나 떼어 낸다.

2 빨대에 고무찰흙을 붙여서 빨대 잠수부를 만든다. 이때 빨대 구멍을 막지 않도록 한다.

3 투명 플라스틱컵에 물을 담고 빨대 잠수부를 넣어서 수직으로 잘 뜨는지 확인한다.

4 페트병에 물을 가득 채우고 파란 식용색소를 넣어서 바다 느낌이 나게 한다.

5 페트병에 빨대 잠수부를 넣고 공기가 통하지 않도록 페트병 뚜껑을 단단히 닫아 준다.

6 페트병을 두 손으로 잡고 병을 세게 누르면 잠수부가 아래로 내려간다.

7 페트병을 잡고 있던 손을 놓으면 잠수부가 다시 위로 올라간다.

연관 놀이 **후후! 부는 빨대 분무기**

빨대가 완전히 잘리지 않도록 주의한다.

1 빨대의 한쪽 끝에서 1/3 지점에 살짝 가위집을 낸다.

2 가위집이 난 부분을 직각으로 꺾고, 안쪽에 EVA 압축스펀지를 작게 잘라서 글루건으로 붙인다.

3 빨대의 짧은 부분을 물에 담가 놓는다. 이때, 꺾이는 부분이 물 위로 올라와 있어야 한다.

아주 강하고 빠르게 불어야 한다.

4 빨대의 긴 부분을 강하게 불면, 잘린 틈으로 물이 분무기처럼 뿌려진다.

키친타올 징검다리

색의 혼합은 주로 미술 놀이를 통해 배우게 됩니다. 물감을 섞어 보는 것뿐만 아니라 셀로판지로 만든 돋보기를 겹치거나 클레이를 반죽해 보는 것도 색의 혼합을 직접 경험해 볼 수 있는 좋은 방법이지요. 과학 실험으로도 가능하답니다! 식물이 뿌리로부터 물을 흡수하는 모세관 현상을 이용하면, 물이 이동하면서 색이 번지고 혼합되는 과정을 관찰할 수 있어요.

대상연령 5세 이상   **소요시간** 1일

초등연계 과학 6-1 식물의 구조와 기능

실험목표 모세관 현상 이해

 준비물을 확인해요~

☐ 키친타올
☐ 식용색소 또는 물감
☐ 투명한 컵 또는 유리병 9개
☐ 물
☐ 젓가락

 실험 전에 알아 두세요!

물은 중력에 의해 위에서 아래로 흐르지만, 병에 담긴 색소 물은 키친타올을 타고 위로 올라갔다가 빈 병으로 내려옵니다. 가는 관을 따라 액체가 흡수되는 모세관 현상 때문입니다. 서로 다른 색소 물을 두 병에 담고 사이에 빈 병을 놓으면, 세 병의 물 높이가 같아질 때까지 빈 병으로 색소 물이 이동하면서 색이 혼합되는 것도 확인할 수 있습니다.

실험 TIP 종이(화장지, A4 용지, 신문지, 잡지 등)와 액체(기름, 음료수, 설탕물 등)를 다른 종류로 바꿔서 비교해 봐도 좋아요.

 지구의 중력보다 힘이 센 모세관 현상이 물을 모이게 했어!

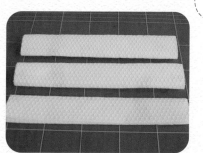

물감을 사용할 경우 바닥에 물감 덩어리가 남지 않도록 젓가락으로 잘 섞어 준다.

키친타올의 한쪽 끝을 색소 물에 담그고 한쪽 끝은 빈 컵에 넣으면 된다.

1 키친타올 6장을 길쭉하게 접는다. 이것이 물병과 물병을 연결하는 다리 역할을 한다.

2 같은 크기의 컵에 같은 양의 물을 담고 빨간색, 노란색, 파란색 색소를 섞어서 2병씩 총 6병을 만든다.

3 빨간 병과 노란 병 사이에 빈 병을 놓고, 키친타올을 병 사이에 걸쳐서 연결한다.

4 같은 방법으로 노란 병과 파란 병, 파란 병과 빨간 병을 빈 병과 키친타올로 연결한다.

5 빨강과 노랑, 노랑과 파랑, 파랑과 빨강이 섞이면 어떤 색이 나올지 예측하고 관찰한다.

6 빨간색과 노란색, 파란색 색소를 각각 넣은 물컵 3개와 물만 넣은 컵 3개를 원으로 놓고 키친타올을 연결하여 관찰한다.

젓가락으로 쌀병을 번쩍~

마찰력은 맞닿은 두 물체가 미끄러질 때 방해하는 힘으로, 마찰력이 없으면 불편하고 위험한 경우가 많습니다. 타이어는 마찰력이 큰 고무에 마찰력을 더 크게 하는 요철 무늬를 넣어 차가 멈출 수 있지요. 젓가락으로 쌀병을 들어 올리는 것도 마찰력이 필요합니다.

대상연령 5세 이상	**소요시간** 10분	**초등연계** 과학 5-2 물체의 무게 심화	**실험목표** 마찰력 이해

 준비물을 확인해요~

☐ 500mL 페트병   ☐ 깔때기   ☐ 쌀
* 페트병은 길쭉하고 입구가 작은 것을 준비합니다.

☐ 젓가락   ☐ 주걱   ☐ 포크
☐ 드라이버   ☐ 연필

 실험 전에 알아 두세요!

처음에는 쌀알 사이에 빈틈이 많습니다. 그런데 쌀병 바닥을 툭툭 내려치고 젓가락으로 꾹꾹 누르면 부피가 줄어듭니다. 쌀알 사이가 조밀하게 채워지는 것이지요. 거기에 젓가락을 꽂으면 쌀이 젓가락을 누르는 힘이 증가하여 젓가락을 붙들 수 있게 됩니다. 접촉면을 누르는 힘에 따라 마찰력도 증가하기 때문입니다.

> 깔때기가 없으면 종이를 고깔모자처럼 말아서 사용한다.

1 페트병에 깔때기로 쌀을 가득 담는다.

2 쌀이 담긴 병에 젓가락을 넣고 들면, 곧바로 젓가락이 빠져 버린다.

3 젓가락으로 꾹꾹 반복해서 누르면, 젓가락으로 쌀병을 들어 올릴 수 있다.

4 젓가락 대신 주걱, 드라이버, 포크, 연필 등 길쭉한 물건으로도 들어 본다.

깡통으로 만든 피사의 사탑

이탈리아에 '피사의 사탑'이라는 건물이 있습니다. 금방이라도 쓰러질 듯 기울었는데, 그 상태로 700년을 버텨서 정말 불가사의하지요. 이 건물이 쓰러지지 않는 이유는 무게중심이 건물 바닥에 있기 때문입니다. 기운 채로 수평 잡기를 우리도 한번 해 볼까요?

| **대상연령** 5세 이상 | **소요시간** 5분 | **초등연계** 과학 4-1 물체의 무게 | **실험목표** 수평 잡기 |

 준비물을 확인해요~

☐ 빈 깡통　　☐ 물　　☐ 물컵

 실험 전에 알아 두세요!

깡통이 완전히 비어 있으면 기울여 세울 수 없는데, 깡통에 물을 조금 넣으면 세울 수 있습니다. 비밀은 깡통 속의 물이 깡통의 무게중심을 바닥으로 향하게 하기 때문입니다. 이때 기우는 각도는 받침점 양쪽의 무게가 같아지는 각도입니다. 깡통에 물이 가득 채우면 무게중심이 바닥이 아니라 세울 수 없는 것도 확인해 보세요!

1 빈 깡통을 기울인 채로 세우려 하면 옆으로 계속 쓰러진다.

2 깡통의 1/3 ~ 1/4 정도 물을 넣는다.

3 물을 넣은 깡통을 기울여 세워 본다.

4 기울여 세워진 깡통을 살살 회전시켜 본다.

도깨비 방망이가 뚝딱! 혹부리 영감으로 변신!

그릇 뚜껑이 열리지 않아서 당황해 본 경험이 한 번쯤은 있지요? 고무장갑을 끼고 열거나 그릇 위에 뜨거운 물을 부으면 열린답니다. 음식이 뜨거운 상태에서 뚜껑을 덮은 것이 대부분 원인인데, 이 현상을 이용하면 요구르트병을 손바닥에 붙이는 것도 가능합니다. 비결은 바로 온도! 요구르트병을 손바닥에 붙이는 방법을 아이와 함께 생각해 본 후 활동을 시작해 보세요.

대상연령 6세 이상   **소요시간** 15분

초등연계 과학 6-1 여러 가지 기체

실험목표 온도에 따른 공기의 부피 변화 이해

 준비물을 확인해요~

본 놀이
- ☐ 요구르트병 20개 정도
- ☐ 뜨거운 물
- ☐ 큰 그릇   ☐ 집게

연관놀이
- ☐ 물약병   ☐ 빨대
- ☐ 글루건 또는 고무찰흙
- ☐ 식용색소 또는 물감
- ☐ 따뜻한 물   ☐ 차가운 물

 실험 전에 알아 두세요!

뜨거운 물로 데워진 요구르트병을 풍선에 대고 있으면, 병 속의 공기가 식으면서 부피가 줄어들게 됩니다. 줄어든 공간만큼 풍선이 빨려 들어가면서 요구르트병을 붙일 수 있게 되지요. 요구르트병보다 무거운 유리병도 뜨거운 물에 데우면, 풍선으로도 유리병을 들어 올릴 수 있답니다.

연관놀이 온도가 높아지면 물약병 안의 공기가 활발하게 움직입니다. 이로 인해 압력이 높아지면서 색소 물을 눌러서 빨대 밖으로 밀어냅니다. 온도가 낮아질 때는 반대로 압력이 낮아지면서 색소 물이 다시 들어오지요.

 뜨거워진 공기가 식으면서 부피가 줄고, 그 자리를 풍선이 채우는 거야~

뜨거운 물을 다룰 때는 어른이 도와주 도록 한다.

1 뜨거운 물에 요구르트병을 담 가서 요구르트병을 데워 준다.

2 요구르트병을 집게로 건져서 병 안에 있는 물은 빼낸다.

3 데워진 요구르트병 입구를 20초 동안 손바닥으로 막으면 요구르트 병이 달라붙는다.

너무 뜨거운 상태로 하면 피부 가 과도하게 빨려 들어가거나 자국이 오래 남을 수 있다.

4 같은 방법으로 손등, 이마, 볼 등에 자유롭게 붙이며, 뿔 달린 도깨비도 되고 혹부리 영감도 되어 본다.

요구르트병이 책상이나 바닥에 부딪히 면 떨어질 수 있으니, 요구르트병을 붙 일 때 어른이 풍선을 잡아 주도록 한다.

5 요구르트병을 풍선에 붙여 도깨비 방 망이를 만들어 본다.

연관 놀이 **간이 온도계**

과학 5-1 온도와 열·온도 측정

글루건이 없으면 고무 찰흙을 이용한다.

1 물약병 입구의 튀어나온 부분을 자르고 빨대를 끼 운 다음, 틈새를 글루건 으로 막아 준다.

2 물약병에 식용색소를 섞 은 물을 넣으면 간이 온 도계가 완성된다.

3 따뜻한 물에 간이 온도계 를 넣고 물이 어디까지 올라가는지 관찰한다.

겨울에는 실내와 창밖 온도 를 비교하고, 여름에는 냉동 실에 잠깐 넣었다 꺼내어 온 도 변화를 비교해 본다.

4 따뜻한 물에서 꺼내어 상온 에서 관찰하다가, 찬물에 옮 겨 넣고 변화를 관찰한다.

종이컵 풍속계와 빨대 풍향계

경복궁이나 창경궁에 가면 조선시대에 풍향과 풍속을 관측하기 위해 깃발을 설치했던 풍기대가 있습니다. 깃발이 동쪽으로 날리면 서풍, 남쪽으로 날리면 북풍으로 판단하는 식으로 풍향을 관측했고, 깃발이 나부끼는 정도나 깃대가 바람에 휘는 정도를 보고 풍속을 확인했다고 해요. 우리가 직접 만들어 볼 풍향계와 풍속계는 오늘날 기상청에서 쓰는 관측 도구와 핵심 원리가 같답니다.

대상연령 6세 이상   **소요시간** 20분

초등연계 과학 5-2 날씨와 우리 생활

실험목표 바람의 방향 측정 · 바람의 속도 측정

준비물을 확인해요~

- ☐ 종이컵 5개 ☐ 굵은 빨대
- ☐ EVA 압축스펀지 또는 두꺼운 도화지
- ☐ 철사   ☐ 색종이
- ☐ 지우개 달린 연필
- ☐ 장구핀
- ☐ 글루건 또는 고무찰흙
- ☐ 클레이 용기 또는 음료수병
  * 음료수병은 유리로 된 것으로 뚜껑까지 준비해 주세요.
- ☐ 수성펜   ☐ 칼   ☐ 송곳

실험 전에 알아 두세요!

종이컵으로 만든 풍속계는 바람의 세기에 따라 빙글빙글 빠른 속도로 돌아가기도 하고, 바람이 없으면 움직이지 않습니다. 기상청에서 쓰는 풍속계도 같은 방식이며, 전자 기록 장치가 있는 것만 다르답니다. 빨대로 만든 풍향계는 바람이 부는 방향에 따라 돌아가는데, 화살표가 가리키는 방향으로 바람이 불어오는 곳을 확인할 수 있습니다.

실험 TIP 바람이 불지 않는 날이나 비가 오는 날에는 실내에서 선풍기를 이용하여 측정해 보세요! 풍속계는 반으로 자른 종이컵 대신 정수기용 원뿔컵을 이용하면 더 잘 돌아갑니다. 한번 도전해 보세요.

종이컵 풍속계로 1분에 몇 바퀴나 돌아가는지 세어 볼까?

바닥끼리 마주 보지 않도록 한 방향으로 한다.

1 종이컵 입구에 구멍 4개를 뚫고 빨대를 십자 모양으로 교차해 끼운다. 종이컵 바닥에도 연필이 들어갈 구멍을 뚫는다.

2 종이컵 4개를 반으로 잘라서 종이컵의 옆면을 빨대 끝에 붙인다.

3 음료수병 뚜껑에 구멍을 뚫고 지우개가 위로 가게 연필을 꽂은 다음, 글루건이나 고무찰흙으로 틈새를 막는다.

4 3에 2를 끼운 다음, 십자 빨대의 중앙에 장구핀을 꽂아서 지우개에 고정하면 종이컵 풍속계가 완성된다.

자를 때 손이 베지 않도록 조심!

연필의 지우개가 위로 향하게 한다.

5 빨대 양 끝에 2.5cm 길이로 칼집 방향이 서로 수직이 되도록 칼집을 낸다.

6 EVA 압축스펀지를 삼각형과 사다리꼴로 오려 끼우고 접착테이프로 고정한다.

7 클레이 용기 뚜껑에 구멍을 뚫어 연필을 세우고, 글루건이나 고무찰흙으로 고정한다.

8 장구핀으로 6의 빨대 중간을 뚫어 연필 위의 지우개에 고정한다.

클레이 용기를 사용할 경우 바람에 쓰러지지 않도록 용기를 흙이나 모래로 채운다.

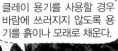

9 철사를 연필에 십자 모양으로 감는다.

10 색종이에 동서남북을 적어서 방위에 따라 철사 끝에 붙이면 빨대 풍향계가 완성된다.

11 바람이 잘 부는 곳에 종이컵 풍속계와 빨대 풍향계를 세워 놓고 바람의 속도와 방향을 알아본다. 풍향계는 나침반 또는 스마트폰 앱으로 방위를 확인하여 동서남북 깃발을 맞춰 놓고 측정해야 한다.

따뜻한 물과 차가운 물

주전자에 물을 끓이면 불에 닿은 부분만 따뜻해지는 것이 아니라 물 전체가 따뜻해집니다. 투명한 주전자에 알갱이로 된 옥수수차를 넣고 끓이면 알갱이가 오르락내리락하는 모습을 볼 수 있어요. 뜨거워진 물이 올라가면서 알갱이가 올라가고 차가운 물과 함께 알갱이가 내려오는 것이지요. 뱅글뱅글 도는 종이뱀(120p)으로 공기의 대류현상을 확인했다면, 이번에는 물의 대류현상을 확인해 볼까요?

대상연령 6세 이상   **소요시간** 10분

초등연계 과학 5-1 온도와 열

실험목표 대류현상 이해

 준비물을 확인해요~

공통재료
- [ ] 따뜻한 물   □ 차가운 물
- [ ] 식용색소 또는 물감(빨강, 파랑)

본놀이
- [ ] 유리컵 2개   □ 책받침

연관놀이
- [ ] 유리병 2개   □ 물약병   □ 집게
- [ ] 못 또는 돌멩이
  * 못이나 돌멩이는 물약병에 들어가는 크기로 준비하세요.

 실험 전에 알아 두세요!

액체와 기체는 온도가 올라가면 부피가 팽창하여 밀도가 작아집니다. 이런 특성으로 따뜻한 물은 차가운 물보다 가벼워 위로 올라가고, 차가운 물은 따뜻한 물보다 무거워 아래로 향하는 대류현상이 발생합니다. 실험에서 차가운 물이 아래 있을 때는 물이 안 섞이는데, 따뜻한 물이 아래 있을 때는 물이 섞이는 이유지요.

연관놀이 차가운 물을 담은 약병이 따뜻한 물에 들어갈 때 색소 물이 나오지 않지만, 따뜻한 물을 담은 약병은 차가운 물에 들어가자마자 색소 물이 분출하는 것도 대류현상 때문입니다.

 따뜻한 물은 위로! 차가운 물은 아래로! 공기도 마찬가지야~

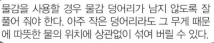

물감을 사용할 경우 물감 덩어리가 남지 않도록 잘 풀어 줘야 한다. 아주 작은 덩어리라도 그 무게 때문에 따뜻한 물의 위치에 상관없이 섞여 버릴 수 있다.

두 유리컵 입구가 정확히 맞아야 물이 쏟아지지 않는다.

1 유리컵에 따뜻한 물과 차가운 물을 가득 담는다.

2 따뜻한 물에 빨간 식용색소를, 차가운 물에 파란 식용색소를 섞는다.

3 따뜻한 물이 든 유리컵을 책받침으로 막고 뒤집어서 차가운 물이 든 유리컵 위에 올린다.

따뜻한 물이 위에 있으면 물이 섞이지 않는다.

따뜻한 물이 아래로 가면 책받침을 빼자마자 물이 섞인다.

4 유리컵 사이의 책받침을 천천히 빼내고 두 컵 사이에서 일어나는 현상을 관찰한다.

5 반대로 따뜻한 물과 차가운 물 위치를 반대로 하여 일어나는 현상을 관찰한다.

물의 온도 차이가 클수록 실험이 잘되지만, 컵을 뒤집어 올리다가 쏟을 수 있으니 너무 뜨거운 물을 사용하지 않도록 한다.

연관 놀이 **물속 화산 폭발**

물약병에 못이나 돌멩이를 넣어서 부력으로 뜨지 않도록 한다.

집게로 물약병을 집어서 넣으면 편하다.

1 유리병에 따뜻한 물을 가득 담고, 물약병은 차가운 물에 파란 식용색소를 섞어 둔다.

2 파란 물약병을 따뜻한 물이 담긴 유리병에 넣으면, 물약병 속의 파란 물이 밖으로 나오지 않는다.

3 유리병에 차가운 물을 담고, 물약병에 따뜻한 물로 빨간 색소를 타서 넣으면, 빨간 물이 화산 폭발처럼 분출한다.

아래 컵으로 이사를 가요

수족관이나 어항의 물을 갈아 줘야 할 때, 기울여서 뺄 수도 없을뿐더러 일일이 퍼내기도 번거롭지요. 그럴 때 필요한 것은 바로 호스! 수족관에 호스 한쪽 끝을 넣고 반대쪽 끝은 수족관보다 낮게 둔 다음 호스를 한 번 쪽 빨아 주면 수족관의 물을 손쉽게 뺄 수 있습니다. 물은 위에서 아래로 흐르니 당연할 것 같지만, 여기에도 과학적인 원리가 숨겨져 있답니다.

대상연령 6세 이상　**소요시간** 20분

초등연계 과학 6-1 여러 가지 기체 심화

실험목표 기압 차에 의한 물의 이동 이해

 준비물을 확인해요~

공통재료
- ☐ 물
- ☐ 식용색소 또는 물감

본 놀이
- ☐ 유리컵 2개
- ☐ 고무관 또는 투명호스
- ☐ 주사기
- ☐ 동화책 10권

연관놀이
- ☐ 투명 플라스틱컵
- ☐ 주름빨대
- ☐ 송곳
- ☐ 글루건 또는 고무찰흙

 실험 전에 알아 두세요!

위쪽 컵의 물이 아래로 내려간다고 생각하기 쉽지만, 고무관에 공기가 차 있으면 물이 전혀 내려가지 않아요. 고무관 내부의 압력과 밖에서 누르는 대기압이 같아서 물을 고무관으로 밀어 올리지 못하기 때문입니다. 이때 고무관을 빨아서 공기 대신 물을 채우고 한쪽 끝을 아래쪽에 두면, 고무관 내부의 압력이 낮아지면서 압력 차에 의해 물이 고무관으로 이동합니다. 이런 현상을 사이펀 원리라고 하는데, 사이펀은 그릇을 기울이지 않고 액체를 높은 곳에서 낮은 곳으로 옮길 때 쓰는 관을 말합니다. 화장실 변기에도 사이펀 원리가 이용된답니다.

고무관에 공기가 없으면 물이 아래 컵으로 이사갈 수 있어~

1 유리컵 하나는 동화책 5권 위에 올려놓고, 다른 하나는 바닥에 놓는다.

2 위쪽 유리컵에 물을 담고 식용색소를 섞는다.

고무관이 없으면 주름빨대 2개를 연결하여 사용할 수 있다.

3 고무관을 유리컵 사이에 걸쳐놓고 물이 내려가는지 살펴본다.

4 아래쪽 유리컵의 고무관에 주사기를 끼워서 고무관에 물이 흐르도록 밀대를 살짝 당긴다.

5 고무관에 물이 흐르기 시작하면 주사기는 분리하고 고무관을 아래쪽 유리컵에 넣어 준다.

6 물이 이동하는 모습을 관찰한다.

7 물이 더 이상 이동하지 않으면 동화책을 5권 추가하여 유리컵을 더 높게 놓고 물의 이동을 관찰한다.

연관 놀이 **화장실 변기의 원리**

화장실 변기가 이런 원리로 작동한다.

1 플라스틱컵 바닥에 구멍을 내어 주름빨대를 끼우고, 틈새를 글루건으로 메운다.

2 컵 안에 색소물을 부어도 빨대가 완전히 잠기지 않으면 물이 나오지 않는다.

3 물을 계속 부어 빨대가 완전히 잠기면 물이 밖으로 나오기 시작한다.

4 빨대의 흡입구보다 물의 높이가 낮아지면 물이 멈추는 것을 관찰할 수 있다.

아슬아슬 줄을 타고 움직이는 물

풀잎에 매달린 이슬을 살펴보면 둥근 것을 확인할 수 있습니다. 표면적을 작게 하려는 표면장력 때문이지요. 물줄기를 하나로 묶는 실험(43p 연관놀이)에서처럼, 물은 기회만 있으면 서로 뭉치려고 합니다. 실 하나만 있어도 뭉쳐서 내려온다는데 사실일까요?

대상연령 6세 이상 **소요시간** 15분 **초등연계** 과학 3-1 물질의 성질 심화 **실험목표** 물의 표면장력 이해

 준비물을 확인해요~

□ 물 □ 쟁반
□ 식용색소 또는 물감
□ 투명 플라스틱컵 2개
□ 털실 1m □ 접착테이프

 실험 전에 알아 두세요!

컵에 물을 담고 기울이면 컵 속의 물이 한꺼번에 쏟아집니다. 하지만 컵에 끈을 붙인 상태에서 기울이면 물이 끈을 타고 이동합니다. 물 분자들은 서로 끌어당기고 뭉쳐 있으려는 표면장력이 있기 때문입니다. 구슬 모양의 물 분자가 끈으로 응집하여 최대한 표면적을 줄이면서 끈을 타고 이동할 수 있는 것입니다.

물에 색소를 넣으면 물의 이동을 잘 관찰할 수 있다.

1 색소를 탄 물에 털실 전체를 흠뻑 적셔 준다.

2 색소 물이 든 플라스틱컵과 빈 플라스틱컵 안쪽에 젖은 털실의 양 끝을 접착테이프로 붙인다.

3 빈 컵은 책상 위에 올려놓고 색소 물이 든 컵을 들어 올린다.

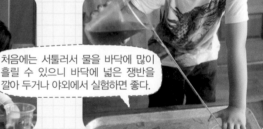

처음에는 서툴러서 물을 바닥에 많이 흘릴 수 있으니 바닥에 넓은 쟁반을 깔아 두거나 야외에서 실험하면 좋다.

4 색소 물이 든 컵을 기울이면, 컵 속의 물이 끈을 타고 서서히 흘러 빈 컵으로 이동한다.

물에 넣어도 젖지 않는 종이

풍선에 바람을 너무 많이 넣으면 터져 버립니다. 물놀이 튜브, 축구공이나 농구공, 자전거 바퀴에도 바람이 많지도 적지도 않아야 잘 굴러가지요. 바람은 바로 공기! 공기가 공간을 차지하고 있는 것을 이 실험으로 비교해 보면 쉽게 이해할 수 있어요.

대상연령 6세 이상	**소요시간** 20분	**초등연계** 과학 3-2 물질의 상태	**실험목표** 공기의 특성 이해

 ✏️ **준비물을 확인해요~**

□ 물   □ 휴지
□ 넓은 그릇   □ 1.5~2.0L 페트병
□ 식용색소 또는 물감

 🧪 **실험 전에 알아 두세요!**

눈에 보이지 않는 공기도 일정한 공간을 차지하고 있어요. 페트병을 수직으로 넣으면 페트병이 물의 표면과 닿을 때 공기가 그대로 있는 상태라 물이 들어갈 공간이 없지만, 페트병을 비스듬히 넣으면 공기가 빠져나가면서 그 공간으로 물이 들어간답니다. 그래서 휴지가 젖게 된 것이지요.

> 페트병을 뒤집을 때 휴지가 떨어지지 않도록 충분히 넣는다.

1 페트병을 반으로 자른 다음, 휴지를 동그랗게 뭉쳐서 밀어 넣는다.

> 식용색소를 넣으면 휴지가 젖는지 확인하기 좋다.

2 페트병의 바닥이 위로 가게 한 상태에서 물을 담은 그릇에 수직으로 넣는다.

3 페트병을 그대로 수직으로 들어 올려서 컵 안의 휴지를 관찰한다.

4 휴지를 넣은 페트병을 물그릇에 비스듬하게 넣고 휴지의 변화를 관찰한다.

초등 단원별 실험 목록

초등 과학 단원		분야	실험 제목	실험 목표 · 단원에 해당하는 목표	페이지
3-1 물질의 성질		화학	쫀득쫀득 액체 괴물	서로 다른 물질을 섞을 때 나타나는 변화 이해 · 콜로이드의 특성 이해	18
3-1 물질의 성질		화학	움직이는 액체 괴물		19
3-1 물질의 성질		화학	소리까지 재미있는 크런치 슬라임		20
3-1 물질의 성질		화학	못생겨도 잘만 튀는 탱탱볼		22
3-1 물질의 성질		화학	우유로 만든 친환경 장난감	우유의 성분 이해 · 환경친화적 플라스틱 만들기	70
3-1 물질의 성질	심화	화학	냉장고 없이 만드는 슬러시	소금의 성질 이해	30
3-1 물질의 성질	심화	화학	기묘한 녹말 반죽	녹말의 성질 이해	36
3-1 물질의 성질	심화	화학	사라진 물	폴리머의 특성 이해	38
3-1 물질의 성질	심화	화학	물 먹는 마술		39
3-1 물질의 성질	심화	화학	중력을 거스르는 마술 물병	물의 특성 이해 · 물의 표면장력 이해	42
3-1 물질의 성질	심화	화학	쓱! 하면 착! 묶이는 물줄기		43
3-1 물질의 성질	심화	화학	보글보글 라바 램프	발포 비타민의 특성 이해	68
3-1 물질의 성질	심화	화학	카멜레온 라바 램프		69
3-1 물질의 성질	심화	화학	오렌지야? 젤리야?	젤라틴의 특성 이해	84
3-1 물질의 성질	심화	화학	삼색 젤리 만들기		85
3-1 물질의 성질	심화	화학	나도 버블버블쇼~	서로 다른 물질을 섞을 때 나타나는 변화 이해 · 물의 표면장력 이해	88
3-1 물질의 성질	심화	화학	저절로 가는 배	물의 표면장력 이해	96
3-1 물질의 성질	심화	화학	내가 그린 후춧가루 그림		97
3-1 물질의 성질	심화	화학	나타났다 사라졌다, 밀가루 편지	서로 다른 물질을 섞을 때 나타나는 변화 이해 · 아이오딘의 특성 이해	108
3-1 물질의 성질	심화	화학	우유로 쓴 비밀편지	산화와 환원 이해	109
3-1 물질의 성질	심화	화학	필름통이 날아올라~	발포 비타민의 특성 이해	142
3-1 물질의 성질	심화	화학	필름통 유령 놀이		143

초등 과학 단원	분야		실험 제목	실험 목표 · 단원에 해당하는 목표	페이지
3-1 물질의 성질	심화	화학	아슬아슬 줄을 타고 움직이는 물	물의 표면장력 이해	196
3-1 자석의 이용		물리	호모 폴라 발레리나	자석의 성질 이해 · 전류와 자기장 이해	154
3-1 자석의 이용		물리	회전하는 쿠킹포일		155
3-1 자석의 이용		물리	빙글빙글 자석 오뚝이	자석의 성질 이해 · 자석을 이용한 장난감 만들기	156
3-2 물질의 상태		화학	풍선이 저절로 불어진다고?	기체의 상태 이해	24
3-2 물질의 상태		화학	공기도 무게가 있다고요?	공기의 무게 이해	129
3-2 물질의 상태		화학	물에 넣어도 젖지 않는 종이	공기의 특성 이해	197
3-2 물질의 상태	심화	화학	오렌지야? 젤리야?	물질의 상태 이해	84
3-2 물질의 상태	심화	화학	삼색 젤리 만들기		85
3-2 물질의 상태	심화	화학	드라이아이스로 신나게 놀자!	드라이아이스의 특성 이해	92
3-2 소리의 성질		물리	고무줄 거문고 연주	소리 발생의 원리 이해 · 소리의 높낮이 이해	160
3-2 소리의 성질		물리	실에서 무슨 소리가 날까요?	소리 발생의 원리 이해 · 소리 전달의 원리 이해	180
3-2 소리의 성질		물리	포크에서 종소리가 나요		181
4-1 지층과 화석		지구과학	바위를 깨트리는 콩	암석의 풍화 작용 이해	66
4-1 지층과 화석		지구과학	내가 만든 공룡 화석	화석이 만들어지는 과정 · 화석 모형 만들기	158
4-1 물체의 무게		물리	빙글빙글 자석 오뚝이	무게중심의 원리 이해	156
4-1 물체의 무게		물리	앞구르기 하는 오뚝이		157
4-1 물체의 무게		물리	깡통으로 만든 피사의 사탑	수평 잡기	187
4-1 물체의 무게	심화	물리	가장 힘이 센 모양을 찾아라!	무게의 분산 이해	114
4-1 물체의 무게	심화	물리	원기둥 위에 유리컵 쌓기		115
4-1 물체의 무게	심화	물리	종이 다리라고 무시하지 마세요!	무게의 분산 이해 · 종이 위에 물건을 올리는 방법 비교	116
4-1 물체의 무게	심화	물리	종이컵 다리의 힘	무게의 분산 이해	117
4-1 물체의 무게	심화	물리	고무줄로 움직이는 통통배	고무줄의 탄성 이해 · 탄성을 이용한 동력 이해	162
4-1 물체의 무게	심화	물리	저절로 올라가는 반지		163
4-1 물체의 무게	심화	물리	고무줄로 탑 쌓기	고무줄의 탄성 이해 · 마찰력 이해	164
4-1 물체의 무게	심화	물리	저절로 움직이는 종이컵 인형		165
4-1 물체의 무게	심화	물리	젓가락으로 쌀병을 번쩍~	마찰력 이해	186
4-1 혼합물의 분리		화학	깨끗한 물로 변신! 돌멩이 정수기	혼합물을 분리하는 방법 이해 · 물의 정화 과정 이해	58
4-1 혼합물의 분리	심화	화학	보글보글 라바 램프	물과 기름의 밀도 차이 이해	68
4-1 혼합물의 분리	심화	화학	카멜레온 라바 램프		69
4-1 혼합물의 분리	심화	화학	사인펜 색깔의 비밀	크로마토그래피의 원리 이해 · 수성펜의 색소 분리하기	166
4-1 혼합물의 분리	심화	화학	크로마토그래피 꽃과 나비		167

초등 과학 단원		분야	실험 제목	실험 목표 · 단원에 해당하는 목표	페이지
4-1 혼합물의 분리	심화	화학	물 만난 보드마카 그림	물과 기름의 밀도 차이 이해	168
4-1 혼합물의 분리	심화	화학	손수건 위 미술관	수성펜의 색소 분리하기	169
4-2 물의 상태 변화		화학	냉장고 없이 만드는 슬러시	소금의 성질 이해 · 물의 어는점 이해	30
4-2 물의 상태 변화		화학	얼음에 찰싹! 얼음낚시		31
4-2 그림자와 거울		물리	빛은 물줄기 따라 직진 또 직진	빛의 특성 이해	46
4-2 그림자와 거울		물리	만화경 속의 아름다운 세상	거울과 빛의 반사 관계 이해 · 거울지로 만화경 만들기	134
4-2 그림자와 거울		물리	그림자 인형극	빛과 그림자의 관계 이해 · 그림자 크기를 바꾸는 방법 이해	138
4-2 그림자와 거울		물리	그림자를 잡아라!		139
4-2 그림자와 거울	심화	물리	세 가지 빛이 모이면?	빛의 삼원색 이해 · 빛의 혼합 이해	136
4-2 그림자와 거울	심화	물리	3D 홀로그램 프로젝터	3D 홀로그램을 이용한 빛의 반사 이해	140
4-2 그림자와 거울	심화	물리	물을 부어도 꺼지지 않는 양초	착시현상 이해	145
4-2 화산과 지진		지구과학	부글부글~ 화산이 분출한다!	화산 활동 이해	28
4-2 화산과 지진		지구과학	흔들흔들 지진계	지진계의 원리 · 지진의 세기 측정	170
5-1 온도와 열		물리	뚱뚱한 공기, 날씬한 공기	온도에 따른 기체의 변화 이해	121
5-1 온도와 열		물리	간이 온도계	온도 측정	189
5-1 온도와 열		물리	따뜻한 물과 차가운 물	대류현상 이해	192
5-1 온도와 열		물리	물속 화산 폭발		193
5-1 용해와 용액		화학	알록달록 무지개 물탑	용액의 진하기에 따른 밀도의 차이 이해	26
5-1 용해와 용액		화학	서로 다른 물질로 무지개 물탑 쌓기		27
5-1 용해와 용액		화학	방울토마토 도레미	액체의 밀도 이해 · 밀도와 부력의 관계 이해	32
5-1 용해와 용액		화학	귤은 물에 뜰까? 가라앉을까?		33
5-1 용해와 용액		화학	달콤한 크리스탈 사탕	과포화 상태 이해 · 설탕 결정화 과정 이해	34
5-1 용해와 용액		화학	요소 크리스탈 트리	과포화 용액의 결정화 현상 관찰	98
5-1 용해와 용액		화학	블링블링 붕사 크리스탈 장식품	온도에 따른 용해도 차이 이해 · 과포화 용액을 이용한 공작 활동	102
5-1 용해와 용액		화학	명반으로 만든 달걀 지오드		104
5-2 날씨와 우리 생활		지구과학	구름이 뭉게뭉게	구름과 안개의 생성 원리 · 압력, 부피, 온도의 관계	52
5-2 날씨와 우리 생활		지구과학	병 속에 낀 안개		53
5-2 날씨와 우리 생활		지구과학	페트병 속의 토네이도	회오리의 원리 이해 · 공기의 흐름 이해	54
5-2 날씨와 우리 생활		지구과학	주방세제로 만든 토네이도		55
5-2 날씨와 우리 생활		지구과학	양초에 유리병을 덮으면?	압력에 따른 공기의 운동 이해	144
5-2 날씨와 우리 생활		지구과학	종이컵 풍속계와 빨대 풍향계	바람의 방향 측정 · 바람의 속도 측정	190
5-2 물체의 운동	심화	물리	세상에서 제일 작은 탈수기	탈수기의 원리 이해 · 원심력과 구심력 이해	44

초등 과학 단원		분야	실험 제목	실험 목표 · 단원에 해당하는 목표	페이지
5-2 물체의 운동	심화	물리	탁구공 회전 그네	원심력과 구심력 이해	45
5-2 물체의 운동	심화	물리	컵에 빠진 달걀	관성의 법칙 이해	72
5-2 물체의 운동	심화	물리	동전을 통과하는 구슬		73
5-2 산과 염기		화학	풍선이 저절로 불어진다고?	산과 염기의 반응 이해	24
5-2 산과 염기		화학	부글부글~ 화산이 분출한다!		28
5-2 산과 염기		화학	레몬 화산 폭발		29
5-2 산과 염기		화학	오르락내리락 춤추는 건포도		76
5-2 산과 염기		화학	붉은 양배추는 천연 리트머스지!	산성과 염기성 이해 · 천연 지시약 만들기	78
5-2 산과 염기		화학	천연 리트머스지 만들기		79
5-2 산과 염기	심화	화학	탱글탱글 달걀 탱탱볼	물질의 결합에 의한 반응 관찰 · 삼투 작용 이해	74
5-2 산과 염기	심화	화학	알록달록 달걀 탱탱볼 분수		75
5-2 산과 염기	심화	화학	비타민C 대장을 찾아라!	아이오딘과 비타민C의 화학 반응 이해	106
5-2 산과 염기	심화	화학	비타민이 아이오딘을 만났을 때		107
6-1 여러 가지 기체		화학	이산화 탄소는 무거워	기체의 무게 비교	25
6-1 여러 가지 기체		화학	오줌싸개 인형	공기의 특성 이해 · 온도에 따른 공기의 부피 변화 이해	50
6-1 여러 가지 기체		화학	오르락내리락 춤추는 건포도	이산화 탄소의 발생과 움직임 관찰	76
6-1 여러 가지 기체		화학	사이다 먹고 흔들흔들		77
6-1 여러 가지 기체		화학	콜라 분수쇼	이산화 탄소의 특성 이해	80
6-1 여러 가지 기체		화학	드라이아이스로 신나게 놀자!		92
6-1 여러 가지 기체		화학	팡팡! 공기총을 쏴라!	공기의 부피와 힘 이해 · 공기의 힘을 경험하기	130
6-1 여러 가지 기체		화학	공기 대포		131
6-1 여러 가지 기체		화학	오르락내리락 빨대 잠수부	기체의 압력과 부피의 관계 이해	182
6-1 여러 가지 기체		화학	후후! 부는 빨대 분무기		183
6-1 여러 가지 기체		화학	도깨비 방망이가 뚝딱! 혹부리 영감으로 변신!	온도에 따른 공기의 부피 변화 이해	188
6-1 여러 가지 기체	심화	화학	병 속에 달걀을 넣고 빼고	온도와 압력에 따른 공기의 흐름 이해	82
6-1 여러 가지 기체	심화	화학	영차, 여엉차~ 공기 줄다리기	압력 차이에 의한 공기의 이동 이해	128
6-1 여러 가지 기체	심화	화학	아래 컵으로 이사를 가요	기압 차에 의한 물의 이동 이해	194
6-1 여러 가지 기체	심화	화학	화장실 변기의 원리		195
6-1 빛과 렌즈		물리	물방울 돋보기	빛의 굴절 이해	141
6-1 빛과 렌즈		물리	햇빛을 모으면 무슨 일이?	볼록 렌즈의 특성 이해 · 볼록 렌즈와 오목 렌즈의 차이 이해	172
6-1 빛과 렌즈		물리	돋보기로 종이 태우기		173

초등 과학 단원		분야	실험 제목	실험 목표 · 단원에 해당하는 목표	페이지
6–1 빛과 렌즈		물리	물을 부으면 방향이 바뀌는 화살표	빛의 굴절 이해 · 볼록 렌즈의 특성 이해	178
6–1 빛과 렌즈		물리	동전이 사라졌어요		179
6–1 식물의 구조와 기능		생명과학	요소 크리스탈 트리	모세관 현상 이해	98
6–1 식물의 구조와 기능		생명과학	내 맘대로 꽃 색깔 바꾸기	식물의 구조 이해 · 모세관 현상 이해	100
6–1 식물의 구조와 기능		생명과학	물관을 확인하는 또 하나의 방법		101
6–1 식물의 구조와 기능		생명과학	저절로 피는 종이꽃	식물의 모세관 현상 이해 · 종이꽃의 변화 관찰	118
6–1 식물의 구조와 기능		생명과학	쟁반 위에 뜬 별	식물의 모세관 현상 이해	119
6–1 식물의 구조와 기능		생명과학	키친타올 징검다리	모세관 현상 이해	184
6–2 전기의 이용		물리	있을 건 다 있는 페트병 손전등	전기 회로의 원리 이해 · 전기가 흐르는 물질의 이해	146
6–2 전기의 이용		물리	신맛이 전기를 만든다고?	전기 회로와 전류 이해 · 전해질 이해	150
6–2 전기의 이용		물리	클립과 동전으로 연결한 레몬 전지		151
6–2 전기의 이용		물리	전기가 흐르는 그림	흑연의 전도성 관찰	174
6–2 전기의 이용	심화	물리	찌릿찌릿~ 정전기로도 움직여요	정전기 현상 · 양전하와 음전하	148
6–2 전기의 이용	심화	물리	생활 속의 정전기		149
6–2 전기의 이용	심화	물리	호모 폴라 발레리나	전동기의 원리 이해	154
6–2 전기의 이용	심화	물리	회전하는 쿠킹포일		155
6–2 연소와 소화		화학	병 속에 달걀을 넣고 빼고	소화의 조건 이해	82
6–2 연소와 소화		화학	불에 타지 않는 풍선	연소의 조건 이해	83
6–2 연소와 소화		화학	양초에 유리병을 덮으면?	소화의 조건 이해	144
6–2 우리 몸의 구조와 기능		생명과학	심장은 생명의 펌프	심장의 구조 이해 · 심장의 기능 이해	56
6–2 우리 몸의 구조와 기능		생명과학	들숨 날숨 폐 모형 만들기	호흡 운동의 원리 · 호흡 기관의 구조와 기능	124
6–2 에너지와 생활		물리	물의 힘으로 돌아가는 물레방아	에너지의 형태 이해 · 물의 세기에 따른 변화 이해	48
6–2 에너지와 생활	심화	물리	3! 2! 1! 에어 로켓 발사!	로켓의 원리 이해 · 작용과 반작용 이해	60
6–2 에너지와 생활	심화	물리	풍선을 돛으로 달고 출발~	작용과 반작용 이해	122
6–2 에너지와 생활	심화	물리	바퀴 없이 붕붕~ 호버크래프트		123
6–2 에너지와 생활	심화	화학	종이 로켓을 쏘는 방법	로켓의 원리 이해 · 작용과 반작용 이해	126
6–2 에너지와 생활	심화	화학	입으로 로켓 발사!		127
6–2 에너지와 생활	심화	물리	필름통이 날아올라~	작용과 반작용 이해	142
6–2 에너지와 생활	심화	물리	필름통 유령 놀이		143
중1 과학. 열과 우리 생활		물리	구멍을 뚫어도 물이 새지 않아요	마찰열 이해	175

주재료별 실험 목록

PVA 물풀

_주성분에 'PVA' 표시가 있어야 해요.

쫀득쫀득 액체 괴물   p.18
움직이는 액체 괴물   p.19
소리까지 재미있는 크런치 슬라임   p.20
못생겨도 잘만 튀는 탱탱볼   p.22

베이킹 소다와 식초

풍선이 저절로 불어진다고?   p.24
이산화 탄소는 무거워   p.25
부글부글~ 화산이 분출한다!   p.28
레몬 화산 폭발   p.29
오르락내리락 춤추는 건포도   p.76

달걀

컵에 빠진 달걀   p.72
탱글탱글 달걀 탱탱볼   p.74
알록달록 달걀 탱탱볼 분수   p.75
병 속에 달걀을 넣고 빼고   p.82
명반으로 만든 달걀 지오드   p.104

주방세제

부글부글~ 화산이 분출한다!   p.28
레몬 화산 폭발   p.29
나도 버블버블쇼~   p.88
드라이아이스로 신나게 놀자!   p.92
저절로 가는 배   p.96
내가 그린 후춧가루 그림   p.97

소금

냉장고 없이 만드는 슬러시　　p.30
얼음에 찰싹! 얼음낚시　　p.31
방울토마토 도레미　　p.32

설탕

알록달록 무지개 물탑　　p.26
달콤한 크리스탈 사탕　　p.34
오렌지야? 젤리야?　　p.84
삼색 젤리 만들기　　p.85

빨대

심장은 생명의 펌프　　p.56
나도 버블버블쇼~　　p.88
풍선을 돛으로 달고 출발~　　p.122
들숨 날숨 폐 모형 만들기　　p.124
종이 로켓을 쏘는 방법　　p.126
입으로 로켓 발사!　　p.127
오르락내리락 빨대 잠수부　　p.182
후후! 부는 빨대 분무기　　p.183
간이 온도계　　p.189
종이컵 풍속계와 빨대 풍향계　　p.190
화장실 변기의 원리　　p.195

풍선

풍선이 저절로 불어진다고　　p.24
이산화 탄소는 무거워　　p.25
불에 타지 않는 풍선　　p.83
뚱뚱한 공기, 날씬한 공기　　p.121
풍선을 돛으로 달고 출발~　　p.122
바퀴 없이 붕붕~ 호버크래프트　　p.123
들숨 날숨 폐 모형 만들기　　p.124
영차, 여엉차~ 공기 줄다리기　　p.128
팡팡! 공기총을 쏴라　　p.130
도깨비 방망이가 뚝딱! 혹부리 영감으로 변신!　　p.188

고무줄

고무줄 거문고 연주　　p.160
고무줄로 움직이는 통통배　　p.162
저절로 올라가는 반지　　p.163
고무줄로 탑 쌓기　　p.164
저절로 움직이는 종이컵 인형　　p.165

자석 · 건전지

움직이는 액체 괴물　　p.19
있을 건 다 있는 페트병 손전등　　p.146
호모 폴라 발레리나　　p.154
회전하는 쿠킹포일　　p.155
빙글빙글 자석 오뚝이　　p.156
앞구르기 하는 오뚝이　　p.157

음료 종류

서로 다른 물질로 무지개 물탑 쌓기 p.27
냉장고 없이 만드는 슬러시　　　　p.29
우유로 만든 친환경 장난감　　　　p.70
사이다 먹고 흔들흔들　　　　　　p.77
붉은 양배추는 천연 리트머스지!　　p.78

콜라 분수쇼　　　　p.80
삼색 젤리 만들기　　p.85

비타민C 대장을 찾아라!(비타민 함유 음료류) p.106
우유로 쓴 비밀편지　　　　　　　　　p.109

양초 · 성냥 · 라이터

구름이 뭉게뭉게　　　　p.52
병 속에 낀 안개　　　　p.53
병 속에 달걀을 넣고 빼고　p.82
뱅글뱅글 도는 종이뱀　　p.120

팡팡! 공기총을 쏴라!　　p.130
양초에 유리병을 덮으면?　p.144
물을 부어도 꺼지지 않는 양초 p.145
햇빛을 모으면 무슨 일이?　p.172

일회용 컵 종류

바위를 깨트리는 콩　　　　p.66
종이컵 다리의 힘　　　　　p.117
들숨 날숨 폐 모형 만들기　p.124
공기 대포　　　　　　　　p.131
빙글빙글 자석 오뚝이　　　p.156
고무줄로 탑 쌓기　　　　　p.164

저절로 움직이는 종이컵 인형　p.165
실에서 무슨 소리가 날까요?　p.180
종이컵 풍속계와 빨대 풍향계　p.190
아래 컵으로 이사를 가요　　　p.194
아슬아슬 줄을 타고 움직이는 물 p.196

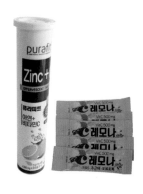

발포 비타민 및 비타민류

보글보글 라바 램프   p.68
카멜레온 라바 램프   p.69
비타민이 아이오딘을 만났을 때   p.107
나타났다 사라졌다, 밀가루 편지   p.108
필름통이 날아올라~   p.142
필름통 유령 놀이   p.143

약국에서 구하는 재료 (비타민 외)

소리까지 재미있는 크런치 슬라임   p.20
못생겨도 잘만 튀는 탱탱볼   p.22
나도 버블버블쇼~   p.88
블링블링 붕사 크리스탈 장식품   p.102
명반으로 만든 달걀 지오드   p.104
비타민C 대장을 찾아라!   p.106

연필 · 펜 종류

사인펜 색깔의 비밀   p.166
크로마토그래피 꽃과 나비   p.167
물 만난 보드마카 그림   p.168
손수건 위 미술관   p.169
전기가 흐르는 그림   p.174
구멍을 뚫어도 물이 새지 않아요   p.175

페트병

풍선이 저절로 불어진다고?   p.24
이산화 탄소는 무거워   p.25
물 먹는 마술   p.39
중력을 거스르는 마술 물병   p.42
쓱! 하면 착! 묶이는 물줄기   p.43
세상에서 제일 작은 탈수기   p.44
빛은 물줄기 따라 직진 또 직진   p.46
물의 힘으로 돌아가는 물레방아   p.48
오줌싸개 인형   p.50
구름이 뭉게뭉게   p.52
페트병 속의 토네이도   p.54
심장은 생명의 펌프   p.56
깨끗한 물로 변신! 돌멩이 정수기   p.58
3! 2! 1! 에어 로켓 발사!   p.60
팡팡! 공기총을 쏴라   p.130
오르락내리락 빨대 잠수부   p.182
젓가락으로 쌀병을 번쩍~   p.186
물에 넣어도 젖지 않는 종이   p.197

평범한 아이도 과학 영재로 만드는

세상에서 제일 신기한 엄마표 과학놀이
ⓒ심지깊은엄마 김태희 2019

초판 1쇄 발행 2019년 1월 4일
초판13쇄 발행 2023년 8월 21일

지은이 심지깊은엄마 김태희
감　수 전화영 · 문지윤

펴낸이 김재룡
펴낸곳 도서출판 슬로래빗

출판등록 2014년 7월 15일 제25100-2014-000043호
주소 (139-806) 서울시 노원구 동일로183길 34, 1504호
전화 02-6224-6779
팩스 02-6442-0859
e-mail slowrabbitco@naver.com
인스타그램 instagram.com/slowrabbitco

기획 강보경　　**편집** 김가인　　**디자인** 변영은 miyo_b@naver.com

값 15,000원
ISBN 979-11-86494-48-6 13590

「이 도서의 국립중앙도서관 출판시도서목록(CIP)은 서지정보유통지원시스템 홈페이지(http://seoji.nl.go.kr)와 국가자료공동목록
시스템(http://www.nl.go.kr/kolisnet)에서 이용하실 수 있습니다. (CIP제어번호: CIP2018040795)」